香港科技大學
高等研究院
傑出講座系列

题字：香港科大副校长黄玉山教授

我们为何在此

霍金香港首次讲演

〔英〕史蒂芬·霍金　等著
香港科技大学　译

天津出版传媒集团
天津科学技术出版社

著作权合同登记号：图字 02-2019-142

图书在版编目（CIP）数据

我们为何在此 ：霍金香港首次讲演 /（英）史蒂芬·霍金等著 ；香港科技大学译. -- 天津 ：天津科学技术出版社，2019.8（2020.2 重印）

ISBN 978-7-5576-6686-6

Ⅰ. ①我… Ⅱ. ①史… ②香… Ⅲ. ①宇宙学—普及读物 Ⅳ. ① P159-49

中国版本图书馆 CIP 数据核字 (2019) 第 128058 号

我们为何在此 ：霍金香港首次讲演
WOMEN WEIHE ZAICI : HUOJIN XIANGGANG SHOUCI JIANGYAN
策划编辑：方　艳
责任编辑：胡艳杰
出　　版：天津出版传媒集团 / 天津科学技术出版社
地　　址：天津市西康路 35 号
邮政编码：300051
电　　话：（022）23332695
网　　址：www.tjkjcbs.com.cn
发　　行：新华书店经销
印　　刷：三河市金元印装有限公司

开本 880×1230　1/32　印张 4.75　字数 120 000
2020 年 2 月第 1 版第 2 次印刷
定价：49.00 元

序　言

以浅显易懂的文字，宣扬人类前沿的智慧，是香港科技大学对社会的一项承诺。

2006 年 6 月，香港科技大学高等研究院邀请霍金教授来港，出席高研院首场杰出讲座，他发表了题为“宇宙起源”的演说。霍金教授誉满国际，他的演讲全文，加上其他杰出科学家的鸿文，如今结集成书，让读者能够认识人类杰出心灵对宇宙的观察和体会，实在饶有意义。

抬首遥望穹苍，宇宙浩瀚无垠，人类的确渺小得很。然而，人类对天体演化、物质结构和生命起源的探索，锲而不舍，这份精神，亦显得人类心灵的伟大。早在中国汉代，著名科学家张衡（78—139 年）便提出“浑天说”，他认为大地是圆形的。所谓“天如鸡子、地如卵中黄”“天大而地小”“天之包地，犹壳之裹黄”。张衡通过对宇宙的观察，大胆提出“地球是圆形的”的主张，展现了人类追求真知、探索宇宙结构的可贵精神。

随着人类知识的进步，我们逐步了解了更多大自然的奥秘。西方的科学史，从哥白尼、伽利略、开普勒、牛顿、爱因斯坦到今天的霍金教授；从地心说、日心说、经典力学、量子力学、相对论到今日的宇宙大爆炸，人类在认识宇宙的过程中，伟大的心灵，穷一生之力，试图揭开宇宙神秘面纱的激情，仿佛同宇宙一样，永恒不息。

霍金教授的身躯受到顽疾折磨，但他没有退缩，没有气馁。他在香港科技大学演讲时，有人问他，凭什么力量克服困难？霍金教授说："形体虽残，精神不废""生命尚存，便有希望"。这份坚韧不拔的精神，是人类能够以渺小之身，却凭伟大意志去探索无垠宇宙的力量；用薪火相传的追寻精神、一代一代所累积的知识，解开宇宙结构的谜团，这是人类迈步向前的希望源泉。

我很乐见香港科技大学与商务印书馆合作，把霍金教授在香港科技大学高研院所发表的讲话，与其他杰出学者的演讲一起，结集成书，为人类探索宇宙的漫长历史，留下一代杰出心灵的雪泥鸿爪。

是为序。

朱经武　**香港科技大学校长**

2006年11月12日

注：本篇为繁体版《我们为何在此？》的序言，繁体版《我们为何在此？》由香港科技大学和商务印书馆共同策划出版。

目　录

第一部分

霍金的思想与人生

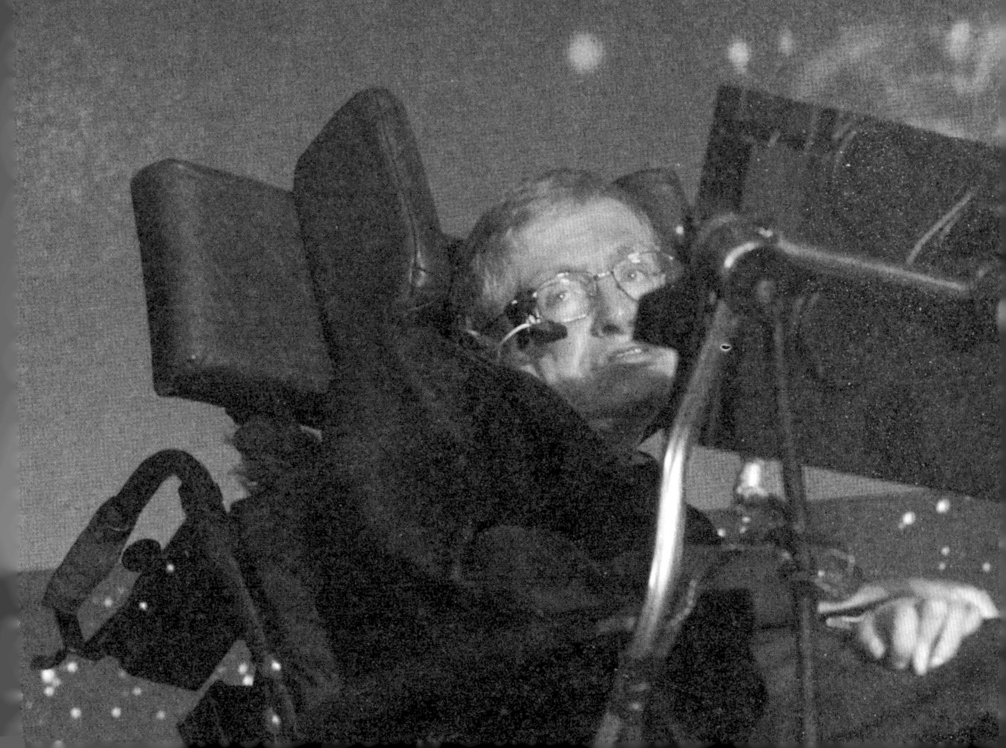

第一章 宇宙的起源

霍金（Stephen Hawking）

根据中非波桑戈人（Boshongo）的传说，太初只有黑暗、水和伟大的天神奔巴（Bumba）。一天，奔巴胃痛发作，呕吐出太阳。太阳灼干了部分的水，留下大地。可是奔巴仍然胃痛不止，又吐出了月亮和星辰，然后吐出一些动物，如豹、鳄鱼、乌龟，最后是人。

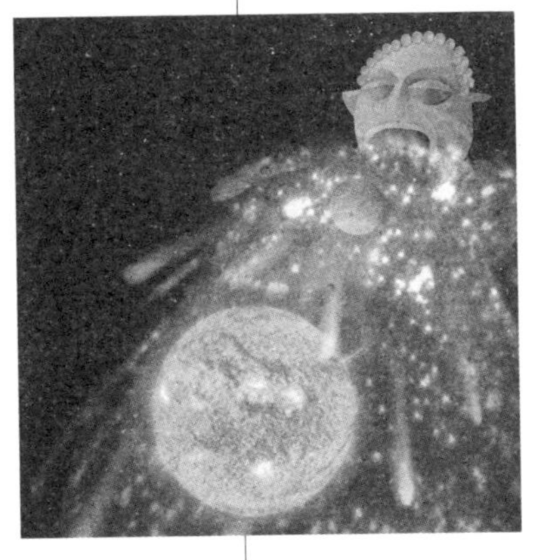

世界万物是怎么来的，在中非波桑戈人的传说中，世界万物是天神奔巴呕吐出来的。

上帝何时创世？

这个创世神话和许多其他神话一样，试图回答我们都想问的问题：我们为何在此？我们从何而来？一般的答案是，人类起源于较近期，因为早就显而易见，人类在知识上和科技上不断进步，所以人类不可能存在那么久，否则人类应已有更大的进步。例如，按照爱尔兰大主教厄谢尔（James Ussher）的说法，《创世纪》把创世的时间定于公元前 4004 年 10 月 23 日上午 9 时。另一方面，诸如山岳和河流的自然环境，在一个人的生命中改变甚微。所以人们通常把它们当作不变的背景，可能是永恒存在的空洞布景，也可能与人类同时被创造。

左图：爱尔兰大主教厄谢尔，他根据《创世纪》推算出上帝创造世界的时间为公元前4004年10月23日。

右图：德国哲学家康德，他认为不管宇宙有无开端，都会引起逻辑矛盾或者二律背反。

但是宇宙有开端这个概念，并非所有人都喜欢。例如希腊最著名的哲学家亚里士多德，他就相信宇宙是永恒存在的。永恒的事物比被造的事物更完美。他提出我们之所以经常看到发展的状态，是因为洪水或者其他自然灾害，不断把文明还原回萌芽阶段。相信永恒宇宙的动机是想避免求助于神意的干预，来创造和启动宇宙的运行。相反的，那些相信宇宙有开端的人，将开端当作上帝存在的论据，把上帝当作宇宙的第一原因或者原动力。

如果人们相信宇宙有一个开端，那么很明显的问题是，在开端之前发生了什么？上帝在创造宇宙之前，他在做什么？他是在为那些问这类问题的人准备地狱吗？德国哲学家康德（Immanuel Kant）十分关心宇宙有无开端的问题，他觉得，不管宇宙有无开端，都会引起逻辑矛盾或者二律背反（antinomy）。如果宇宙有一个开端，那为何在它起始之前要等待无限久？康德称它为“正题”。另一方面，如果宇宙已经存在无限久，那为什么它要花费无限长的时间才达到现在的状态？康德称它为“反题”。无论“正题”还是“反题”，都是基于康德的假设，也几乎是所有人的假设，即时间是绝对的。也就是说，时间从无限的过去，向无限的未来流逝。时间独立于宇宙，在这个背景中，宇宙可以存在，也可以不存在。

直至今天，在许多科学家的心中，仍然保持着这样的图像。然而，1915 年爱因斯坦提出革命性的广义相对论。在这个理论中，空间和时间不再是绝对的，不再是事件的固定背景。反之，它们是变量，受宇宙中的物质和能量影响。它们只有在宇宙之中才有意义，所以谈论宇宙开端之前的时间是毫无意义的，这就像去寻找比南极还南的一点一样没有意义。

宇宙是去年诞生的？

20 世纪 20 年代之前，一般接受的假设是宇宙根本不随时间改变，所以没有理由不能把时间的定义任意向过去延伸。我们总可以将历史往更早的时刻延展，在这个意义上，任何所谓的宇宙开端都是人为的。于是，我们不能抹杀一个可能，就是宇宙是去年诞生的，但是所有记忆和物证，都被造成古旧的模样。这就引发了有关存在意义的高深哲学问题。我将采用所谓的“实证主义”

（positivism）方法来处理这些问题，它的中心思想是，按照我们建构的世界模型，来解释感官经验。人们没法知道这个模型是否代表实际情况，只能问它是否行得通。怎么样的模型才是好呢？首先，它能简单而优美地解释大量观测；其次，它又能做出明确的预测，让人们通过观察来检验或证伪。

根据实证主义，我们可以比较宇宙的两个模型。第一个模型，宇宙是去年被造的；另一个模型，宇宙已经存在了远为长久的时间。宇宙已经存在超过一年的模型，能够解释某些事物，例如一对超过一岁的孪生子，他们有共同的来源。

反观宇宙去年被造的模型，它就不能解释这类事件，所以第二个模型比较好。但是人们不能查问宇宙究竟在一年前是否确实存在过，抑或仅仅看起来是那样。在实证主义者看来，两者没有区别。

在不变的宇宙中，不存在一个自然的起点。然而，20 世纪 20 年代当哈勃（Edwin Hubble）在威尔逊山上开始利用 100 英寸（254 厘米）胡克望远镜观测星空时，有了根本的改变。

哈勃发现，恒星并非均匀分布在太空中，而是聚集在称为“星系”的大量的群体中。

威尔逊山上的100英寸（254厘米）胡克望远镜，当年哈勃就是用它来观测星空的。（Credit: Andrew Dunn）

哈勃发现，恒星并非均匀分布在太空中，而是聚集在称为“星系”的群体中。此为螺旋星系的梅西耶 101（Messier 101）。（Credit: NASA & ESA）

所有的星系都离我们而去

哈勃通过测量来自星系的光,能够确定它们的速度。他预料朝我们飞来的星系和离我们飞去的星系一样多。这是在一个稳恒宇宙中应有的。但令哈勃惊讶的是，他发现几乎所有的星系都离我们而去。此外，星系离我们越远，飞离的速度越快。与所有人原来的想法相反，宇宙并非是不变的，它正在膨胀，使星系之间的距离随时间增大。

宇宙膨胀，是 20 世纪，甚至是任何世纪，最重要的理智发现之一。它使宇宙是否有开端的争论有了突破。如果星系现在正在互相远离，那么它们在过去一定更加靠近。如果它们过去的速度一直不变，则大约 137 亿年前，所有的星系应该互相重叠。这个时刻是宇宙的开端吗?

许多科学家仍然不喜欢宇宙有开端这个假设。因为这似乎意味着物理学崩溃了。人们为确定宇宙如何起始，就不得不去求助于外界的力量，为方便起见，可以把它称作“上帝”。因此他们提出一些理论，认为宇宙此刻正在膨胀，但是没有开端。邦迪（Bondi）、高尔德（Gold）和霍伊尔（Hoyle）于 1948 年提出的稳恒态理论（Steady State Theory），就是其中之一。

稳恒态理论的主张，就是随着星系的互相远离，假设物质在空间中连续创造，形成的新的星系。宇宙永恒存在，在任何时刻看来都一样。从实证主义的观点来看，这个性质有很大的优点，就是作为一个明确的预言，它可以透过观察来检验。在莱尔（Martin Ryle）领导下，英国剑桥无线电天文组在20世纪60年代早期，研究了弱射电源（weak radio source）。它们在天空中分布得相当均匀，显示大部分都位于银河系外。平均而言，较弱的射电源距离较远。

稳恒态理论，对射电源数目和射电源强度关系有所预测。但是观测数据表明，微弱的射电源比预测的更多，显示射电源的密度，在过往比较高。这结果有异于稳恒态理论中，万物都是恒久不变的基本假设。除此之外，加上其他原因，稳恒态理论就遭放弃了。

另一个避免宇宙有开端的尝试，就是主张以前存在一个收缩期，但由于旋转和局域的不规则，物质没有聚在一点。相反，不同的物质会擦身而过，宇宙便重新膨胀，过程中密度保持有限。两位俄国人，利弗席兹（Lifshitz）和卡拉尼科夫（Khalatnikov）竟然声称，他们证明了，没有严格对称的一般收缩总会引起反弹，过程中密度保持有限。这结果对马克思列宁主义的辩证唯物论十分有利，因为它避免了有关宇宙创生的棘手问题。

奇点是时间的开端

当利弗席兹和卡拉尼科夫发表属于他们自己的主张时，我还是一名 21 岁的研究生，为了完成博士论文，我正在寻找题材。我不相信他们所谓的证明，于是就着手和彭罗斯（Roger Penrose）一起发展新的数学方法去研究这个问题。我们证明了宇宙不能反弹。如果爱因斯坦的广义相对论是正确的，那么就有奇点（singularity）存在，它具有无限的密度和无限的时空曲率，时间在那里有一个开端。

1965 年 10 月，也就是我首次得到奇点结果的数月之后，证实宇宙有一个非常密集开端的观察结果面世了，那就是贯穿整个太空的微波背景。这些微波和微波炉中的微波是一样的，只是更微弱一些。它们只能将意大利薄饼加热到 −270.4℃，解冻薄饼都做不到，更别说烤熟它了。实际上你自己可以观察到这些微波。把你的电视调到一个空的频道，荧幕上看到的雪花，有一部分就是由微波背景引起的。这背景唯一的合理解释是，它是宇宙早期非常热和密集状态遗留下来的辐射。随着宇宙膨胀，辐射一直冷却下来，直至成为我们今天观察到的微弱残余。

虽然彭罗斯和我的奇点定理预测宇宙有一个开端，但并没有说明宇宙的起始。广义相对论方程在奇点处也

霍金：我可不想像伽利略那样被送到宗教裁判所。

崩溃了。爱因斯坦理论不能预测宇宙的起始，它只能预测一旦起始后宇宙演化的过程。对彭罗斯和我的结果可有两种态度。一种认为上帝基于我们不能理解的原因，选择宇宙启动的方式。这是教皇约翰·保罗（Pope John Paul）的观点。在梵蒂冈的一次宇宙论会议上，教皇告诉与会者，你们可以研究启动后的宇宙，但不能去探究宇宙的起始，因为在创世的时刻，这是上帝的工作。我暗自庆幸，因为他没有意识到，我在会议上刚发表了一篇论文，刚好提到宇宙是如何起始的。我可不想像伽利略那样被送到宗教裁判所。

对我们研究结果的另一种诠释，也是得到大多数科学家赞同的诠释，就是它显示广义相对论在早期宇宙非常强大的引力场中崩溃了。必须用一个更完备的理论来取代它。这也是意料之内的，因为广义相对论没有注意到物质小尺度的结构，这必须遵循量子论（Quantum Theory）。在一般情况下，宇宙的尺度和量子论的微观尺度有天壤之别，所以问题不大。但是当宇宙处于普朗克尺度，也就是一千亿亿亿亿分之一米时，这两个尺度变得相同，就必须考虑量子论了。

宇宙经历了所有可能的历史

为了理解宇宙的起源，我们必须将广义相对论和量子论结合。实现这一目标的最佳方法，似乎是采用费曼（Richard Feynman）将历史叠加的概念。费曼是一位经历丰富的人物，例如，他是帕沙迪那脱衣舞酒吧的小鼓演员，又是加州理工学院杰出的物理学家。他提出一个系统从状态 A 到状态 B，其过程经历了所有可能的路径或历史。

每段路径或历史都有一定的振幅或强度，而系统从 A 到 B 的概率是将每段路径的振幅加起来。一个由蓝色奶酪制成月亮的历史，也可以存在，只是它振幅很低（这对于老鼠来说不是一个好消息）。

费曼认为，一个系统从状态 A 到状态 B，其过程经历了所有可能的路径或历史。

若要求得宇宙现在状态的概率，则可以把终点设为该个状态的所有历史的叠加。但是这些历史是如何起始的呢？是否需要一位造物主下达命令，决定宇宙如何起始？抑或由科学定律来确定宇宙的初始条件呢？

事实上，即使宇宙的历史回到无限远的过去，这个问题依然存在。如果宇宙只在 137 亿年前起始，那这个问题就更迫切了。问到在时间的开端发生什么事情，有点像认为世界是平坦的人，要问在世界的边缘发生什么事情一样。世界是否一块平板，海洋从它边缘倾泻下去吗？我已经用实验对此验证过。我环球旅行，没有掉下去。

宇宙的创生

人所共知，宇宙边缘发生了什么事情这个问题，在人们意识到世界不是一块平板，而是一个弯曲面时，便被解决了。然而，时间似乎与此不同。它看来和空间相分离，有如铁路轨道模型。如果它有一个开端，就必须有人去启动火车运行。

爱因斯坦的广义相对论将时间和空间统一成时空，但是时间仍然异于空间，它有如一道走廊，或是有开端和终结，或是无限伸展。然而，哈特尔（James B. Hartle）和我意识到，当广义相对论和量子论相结合时，在极端情形下，时间的性质有如空间的另一方向。这意味着，我们可以抛开时间开端的问题，有如我们抛开世界边缘的问题那样。

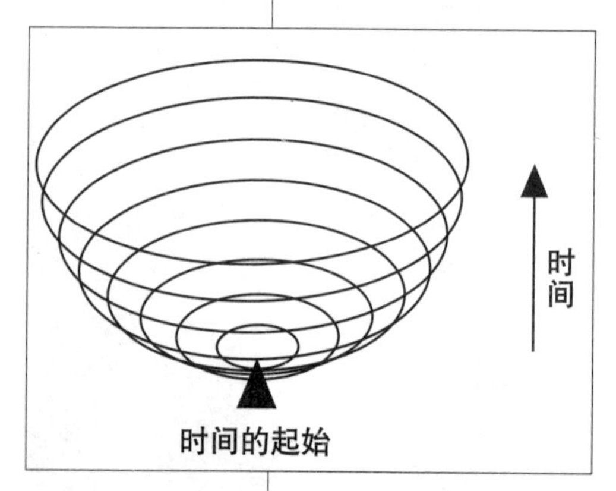

在宇宙的开端，时间的性质有如空间的另一方向。

假定宇宙的开端为地球的南极，纬度为时间，那么宇宙的起始点就在南极。随着往北移动，相等纬度的圆圈，代表宇宙尺度，就会膨胀。追问在宇宙开端之前发生什么事情，就变成毫无意义的问题，因为在南极的南方没有任何事物。

时间，以纬度量度，在南极处有一个开端。但是南极和其他任意一点非常相像。至少别人是这样告诉我的。我去过南极洲，但没有去过南极。

同样的自然定律，在南极成立，正如在其他地方一样。长期以来，有人认为正常定律在宇宙的开端会失效，因而反对宇宙有开端之说。而现在，宇宙的开端也遵循科学定律，所以据此反对宇宙有开端的说法不再成立。

哈特尔和我发展出宇宙自创的图像，有一点像气泡在沸腾的水中形成那样。

从泡泡暴胀的宇宙

宇宙最可能的历史像是泡泡的表面。许多小泡会出现，然后再消失。这些泡泡对应于微小的宇宙，它们膨胀，但在仍然处于微观尺度时再次塌缩。它们是其他的可能宇宙，但由于不能维持足够长的时间，来不及发展星系和恒星，更别说智慧生命了，所以我们对它们没有多大兴趣。然而其中有些小泡泡会膨胀到一定的尺度，安全地免于塌缩。它们会继续以不断增大的速率膨胀，形成我们看到的泡泡；它们对应于开始以不断增加速率膨胀的宇宙。这就是所谓的“暴胀”（inflation），正如每年的物价上涨一样。

通货膨胀的世界纪录，发生于第一次世界大战后的德国。在 18 个月期间物价上升了 1000 万倍。但是，它和早期宇宙中的暴胀相比实在微不足道。宇宙在比一秒还微小得多的时间里膨胀了 10^{30} 倍。和通货膨胀不同，早期宇宙的暴胀是非常好的事情。它产生了一个巨大和均匀的宇宙，正如我们观察到的。然而，它不是完全均匀的。在把历史叠加的过程中，稍微不规则的历史和完全均匀与规则的历史，拥有几乎相同的概率。因此，理论预言早期宇宙很可能是稍微不均匀的。这些无规则性，在不同方向来的微波背景强度上产生了微小的变化。MAP（现称 WMAP）卫星已对微波背景进行观测，发现了和预测完全一致的强度变化。如此，我们知道已经找对了方向。

早期宇宙中的无规性，意味着在有些区域的密度，会比其他区域的稍高。这些额外密度的引力使这个区域的膨胀减缓，最终使这些区域塌缩形成星系和恒星。仔细看微波天图，它是宇宙中一切结构的蓝图，我们是极早期宇宙的量子起伏（quantum fluctuation）的产物。上帝的确在掷骰子。

在过去百年间，我们在宇宙学上取得了巨大的进步。广义相对论和宇宙膨胀的发现，粉碎了宇宙永恒存在并将永远延续的古老图像。取而代之，广义相对论预测，宇宙和时间本身，都在大爆炸（Big Bang，又译大霹雳）中开始，它还预测时间在黑洞中终结。宇宙微波背景的

WMAP 卫星对微波背景进行观测的想象图。
(Credit: NASA/WMAP Science Team)

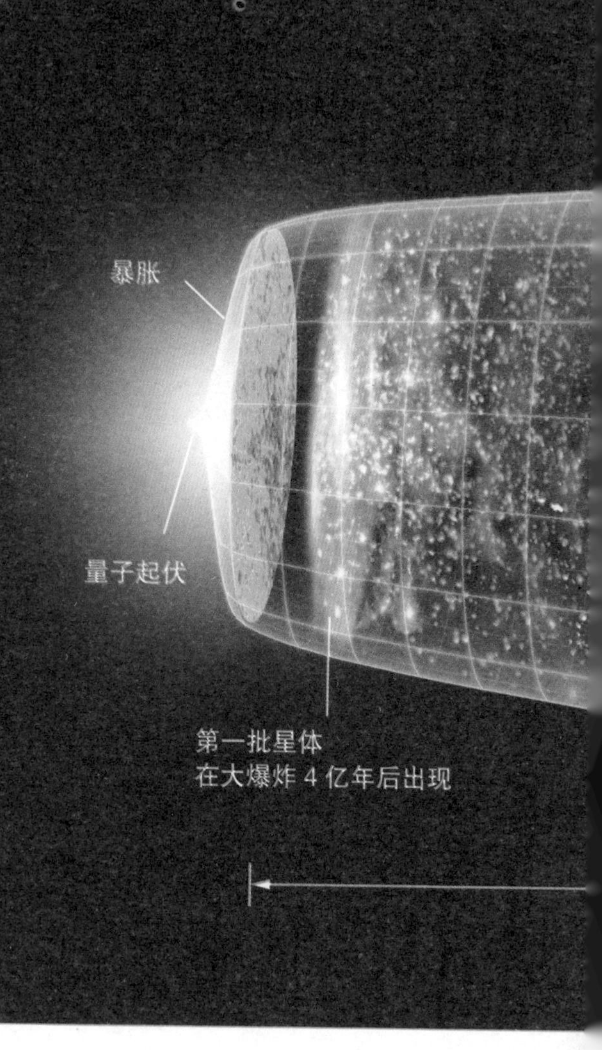
暴胀
量子起伏
第一批星体
在大爆炸 4 亿年后出现

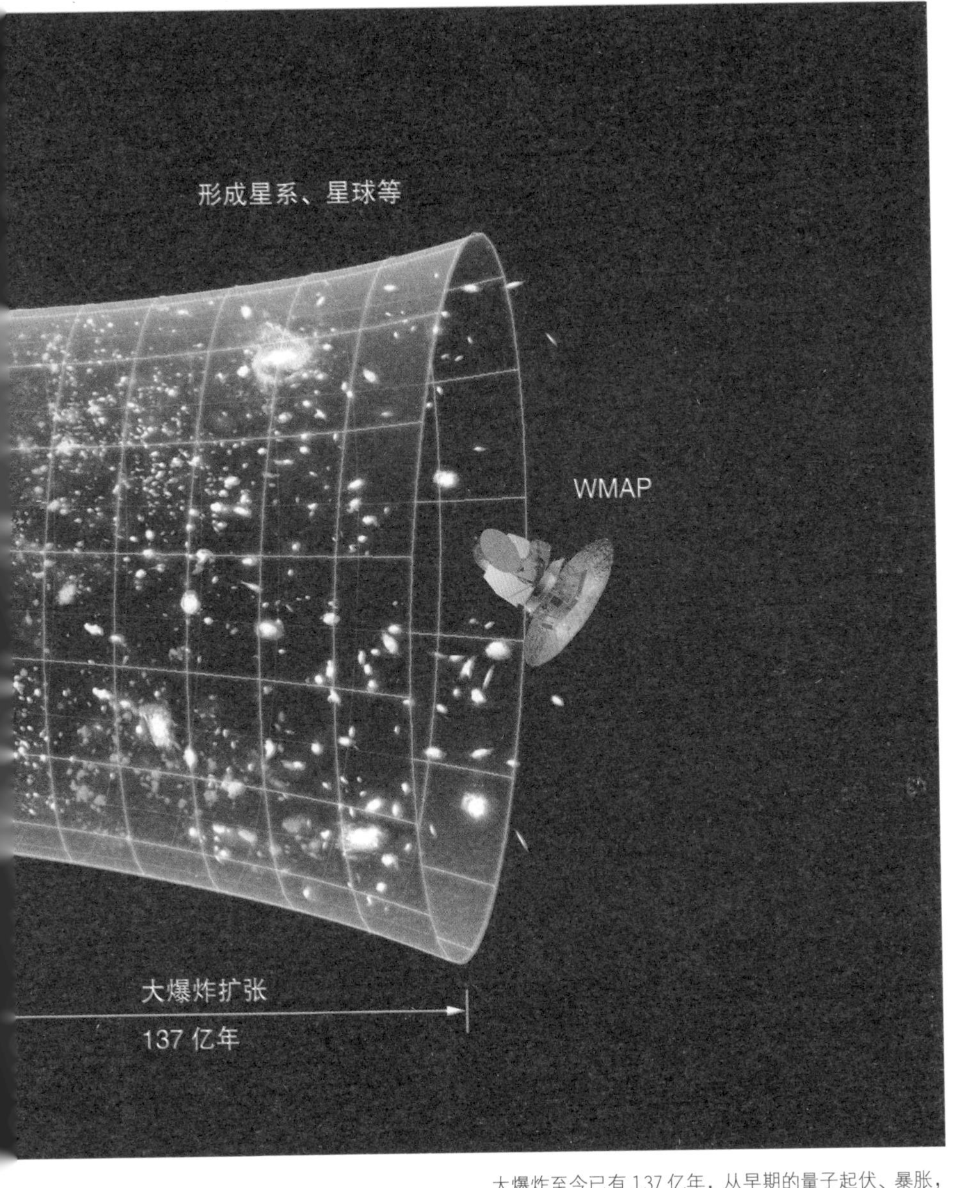

大爆炸至今已有 137 亿年，从早期的量子起伏、暴胀，演化发展成星系、恒星以及宇宙中所有其他结构。（Credit: NASA/WMAP Science Team）

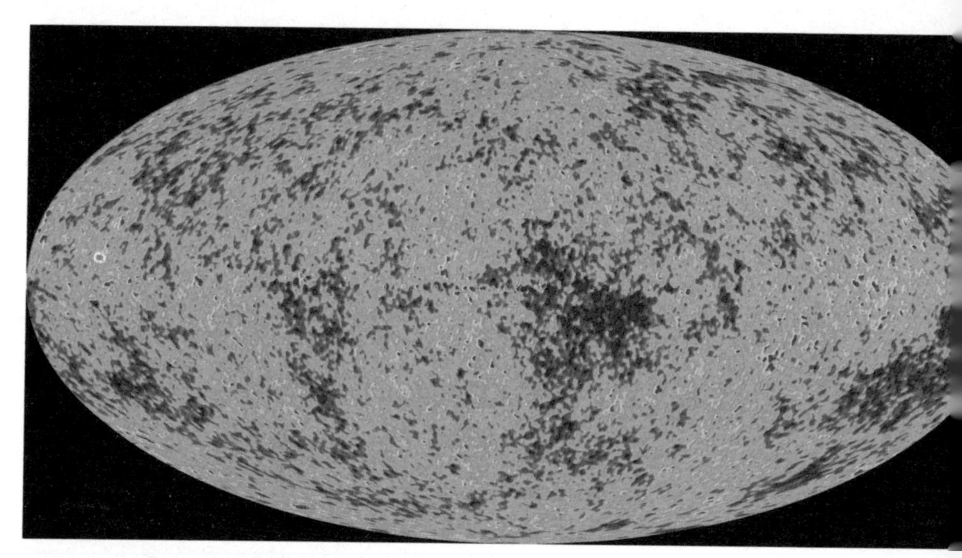

这张微波天图是宇宙中一切结构的蓝图。
（Credit: NASA/WMAP Science Team）

发现，以及黑洞的观测，支持了这些结论。这是我们对宇宙图像和实体本身，一次深刻的改革。

虽然广义相对论预测宇宙源于过去一个高曲率的时期，但它不能预测宇宙如何在大爆炸中形成。广义相对论自身不能回答宇宙学的核心问题——为何宇宙具有今日的形态。然而，如果广义相对论和量子论相合并，就可能预测宇宙是如何起始的。它开始以不断增大的速率膨胀。这两个理论的结合预言，在这个称作暴胀的时期，微小的起伏会演化发展成星系、恒星以及宇宙中所有其他的结构。证据是在宇宙微波背景中观测到的微小起伏，性质与预测完全吻合。这样看来，我们正朝着理解宇宙起源的正确方向前进，尽管这还有许多工作要做。我们将会打开一道理解极早期宇宙的新窗户，就是通过精密测量宇宙飞船之间的距离，以检测引力波。引力波从宇宙最早的时刻自由地向我们传播，所有介入的物质都无法阻碍它。相比之下，光受到自由电子的多次散射。光的散射一直维持到 30 万年，直至电子被凝结。

宇宙的未来

尽管我们已经取得了一些伟大的成就，但是并非一切问题都已解决。我们观察到，宇宙的膨胀在长期的变缓之后，再次加速。对此我们还未能在理论上理解清楚。缺乏这种理解，我们就无法确定宇宙的未来。

它会继续地不断膨胀下去吗？暴胀是一个自然定律吗？抑或宇宙最终会再次塌缩？新的观测结果和理论上的进展，正迅速涌来。宇宙学是一门非常激动人心和活跃的学科。我们正接近解答出这个古老的问题：我们为何在此？我们从何而来？

翻译：吴忠超

第二章 霍金的科学对话与人生妙语

编按：2006年6月霍金访问香港期间，响应了不少媒体和大众的提问，其中有关于科学的，也有关于人生的，摘录如下。

科学对话

Q. 科学研究如何促进经济发展？

A. 基础科学研究应从科学考虑出发，不应由经济带动，但科研发展往往带来经济效益。例如我的前辈、剑桥大学狄拉克（Paul Dirac）研发的晶体管，便成为现代电子及计算机工业的基础；另一位同样来自剑桥大学的克里克（Francis Crick）发现DNA结构，亦奠定了生物科技工业的基础。

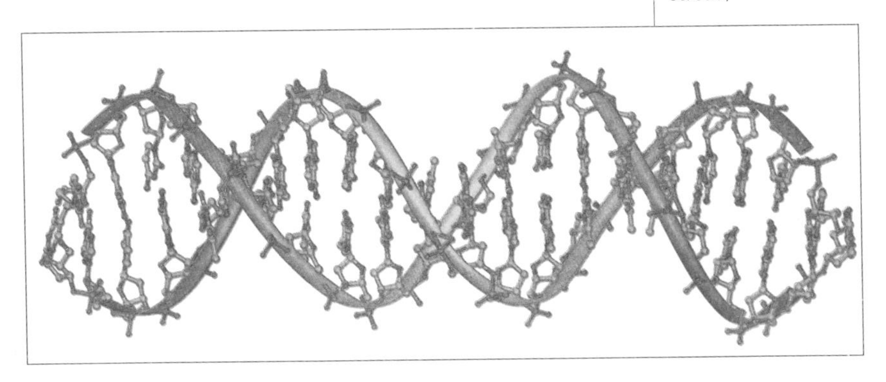

克里克发现DNA结构，奠定了生物科技工业的基础。（Credit: Michael Strock）

Q. 你认为人类真的可以移居第二个星球吗？有需要这样做吗？

A. 20年内，我们可在月球建立永久基地；40年内，则可在火星建立基地。但月球和火星都很小，缺乏或完全没有大气层。除非我们进入另一个星系，否则找不到像地球一样美好的地方。扩展人类的生存空间相当重要，因为地球面对的危机愈来愈多，例如全球暖化、核战、基因改造病毒或一些超乎想象的危险等。如果人类避免在未来数百年内自我毁灭，则应寻找地球以外能够生存的空间。

1919年的日食观察，证实了重力会扭曲光线。（Credit: Arthur Eddington）

Q. 重力（引力）会否扭曲光线？

A. 重力的确会扭曲光线，这是爱因斯坦1915年发表广义相对论时的一个推测。太阳的重力扭曲了附近的空间，把经过的光线转向。1919年的一次日食观察，证实了这个说法。遥远的星体发出的光线在通过太阳附

火星地表，霍金认为人类 40 年内可以在此建立基地。（Credit: NASA/JPL/Cornell）

近时，光线的方向被扭曲了一个细小角度，引致星体影像的位置出现少许移动。

Q. 宇宙中有很多常数，例如光速、水的沸点。这些常数从何而来？因何而生？若这些常数改变会出现什么情况？

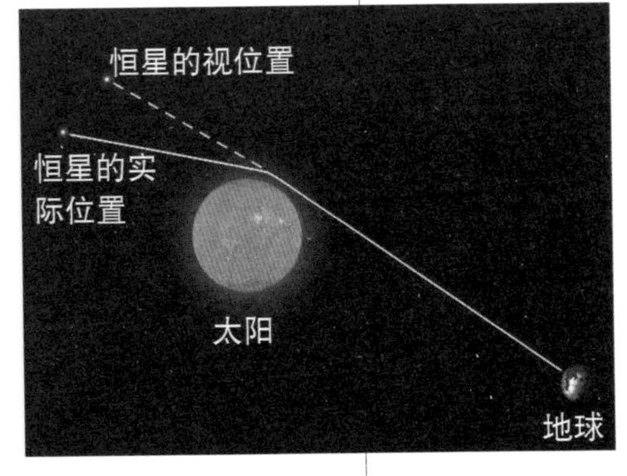

光线在引力作用下实际、理论轨迹的示意图。

A. 自然里的常数是由标准模型的参数决定的。根据 M 理论，这些常数是由收缩了的六维空间里的几何形成的。常数的数值有很大空间，但大部分都不能产生适合发展生命的宇宙，只有少数宇宙能够产生有智慧的生命，并且懂得探问为何自然的常数具有如此的数值。

Q. 上帝在宇宙中扮演什么角色？

A. 法国科学家拉普拉斯曾向拿破仑解释科学的法则如何决定宇宙的演化。拿破仑问他上帝在当中扮演什么样的角色。“我不需要这个假设”，就是他的答案。

Q. 宇宙是否是一个黑洞？

A. 乍一看，宇宙大爆炸真的有点像一个黑洞塌缩过程的时间倒流，但两者之间存在重大区别。在大爆炸期间，宇宙是流畅而划一的扩张，只有轻微涨落。而黑洞的塌缩则是高度不规则、不均匀的。这个分别可以由无边构想解释。在虚时间里，宇宙是一个关闭而

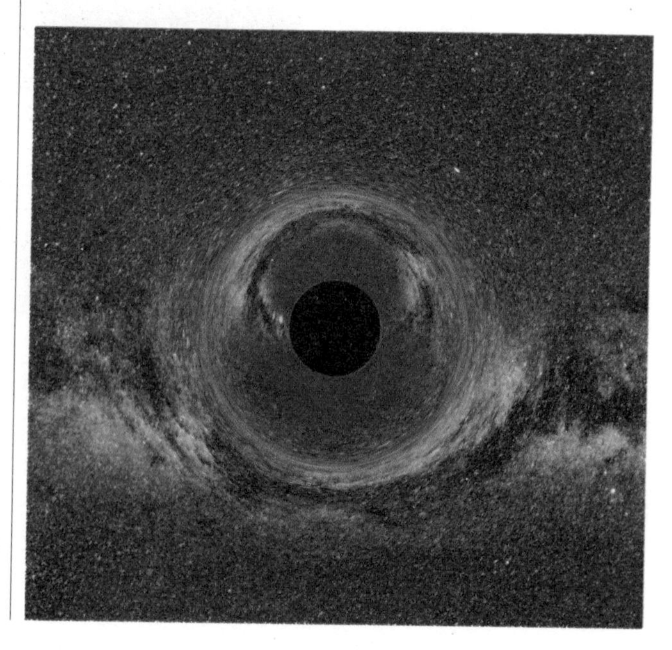

黑洞的塌缩是高度不规则、不均匀的。
（Credit: Ute Kraus）

趋近平滑的表面。可是，基于测不准原理（uncertainty principle），宇宙会出现微小的涨落，从虚时间延续到实时间，这些涨落会随时间增加。当我们追溯过去，会发现这些涨落在早期宇宙时是轻微的，但在重力塌缩时就很巨大，早期宇宙不会是黑洞形成过程的时间倒流。

Q. 你有何建议给对科学和宇宙有兴趣的学生？

A. 我研究物理和宇宙，因为我想找出重大问题的答案：我们为何在此，从何而来。我鼓励年轻人做同样的事情。没有什么比发掘前人未知的领域更叫人兴奋。

人生妙语

Q. 你与子女的关系怎样？你花很多时间跟他们相处吗？

A. 我有三个很讨人喜欢的子女，分别是 Robert、Lucy 和 Tim。虽然他们已长大成人，但我跟他们的关系仍很密切。这次陪我来港的女儿 Lucy，她正和我合著一本儿童科普书，这本书有点像哈利·波特和宇宙，读者对象也是同年龄的儿童。这本书主要谈科学，不是魔法。

Q. 香港有一位叫斌仔（邓绍斌）的瘫痪病人曾要求安乐死，引起社会广泛讨论。你曾否因身体的状况而感到沮丧？你又如何去面对？

A. 如果他想结束自己的生命，我认为他有权这样做，但这是一个很大的错误。无论一个人的生命是如何的差劲，总有一些事情是可以做的，而且也能做出一点成绩来。只要活着，就有希望。

Q. 你如何面对身体残疾的挑战，保持积极的人生观？

A. 即使身体残疾，也总有很多事情可以干，我便是一个例子。形体虽残，精神不废。否则的话，别人也不会理你。

Q. 为何你说话带美国口音？

A. 我的语音合成器于 1986 年制成，已经很旧了。我仍然使用，是因为没有其他我更喜欢的声音，而且这已经成了我的声音。这套硬件既大又容易毁坏，而且零件也停产了。我一直试图物色一套新软件去代替，但看来很困难。其中一套软件带法国口音，我怕如果用了，太太会跟我离婚。

Q. 你还有哪些未完的心愿？

A. 我仍想窥探黑洞内的秘密，宇宙如何开始，也许更迫切的问题是，人类在未来 100 年如何生存下来。我也想更加了解女人。

第三章 霍金女儿谈霍金

余珍珠 香港科技大学高研院行政总裁

编按：2006年6月霍金访问香港期间，香港科技大学高等研究院行政总裁余珍珠专访了霍金的女儿露西·霍金（Lucy Hawking），其间谈到霍金如何教育儿女、如何思考、喜欢什么音乐、如何鼓励残疾人士等，让人对霍金有了更具体而鲜明的印象。访谈内容摘录如下。

余珍珠（下称“余”）： 你们的香港之旅怎样？

露西·霍金（下称“霍”）： 这趟旅程真是非常特别。我们真的十分期待来香港，心情非常激动，因为我们知道香港是一个充满活力和热闹的城市，不过我们倒没料到香港人的反应如此热烈，这令我们非常惊讶。

余： 这股“霍金热”就如旋风般横扫香港，简直超乎想象，实在太好了！

霍： 是的！我们抵达香港机场才看到一些端倪。其实我

霍金的女儿露西（Credit：香港科技大学）

们早料到会有摄影记者在场，所以已经有所准备。对了，我们也享受了一次非常好的空中之旅。国泰航空好得没话说，父亲觉得非常舒适，整个航程十分顺利。当我们下飞机，整个机场都轰动起来了！我从来也没有遇到过这种事，警察手牵手组成人链，把推来推去的人群隔开。父亲的看护莫尼卡（Monica）是一位长得高挑、美丽又聪明的女性，她紧紧地护住父亲！他们像逃跑般躲入升降机，然后把门关上，将我们都留在外面，而在场的记者也闹哄哄地跑来跑去。机场的一幕真的让我们非常感动，尤其是那些来接机的小朋友。

那些小朋友写了一首歌，还制作了一个特别的横幅。我们都感动得快要掉下眼泪来了，因为对父亲来说，能够接触世界另一端的年轻人是一件非常有意思的事。

余：我得告诉你，这些孩子是自发来接机的，不是我们组织他们来的。

霍：我们还以为那一定是预先安排的呢！

独一无二，多才多艺

余：不是的，他们都是发自内心的，真叫人惊讶。对了，请问你如何形容你父亲斯蒂芬·霍金呢？

霍：从某方面来说，这十分困难，他几乎是无法形容的，因为他是如此非凡，无人可比。如果真的要形容他，我会先想到“独特”一词。他真的是独一无二，而且多才多艺。最了不起的是，他的意志长期与残疾和衰退症对抗着，却又能保持正面乐观的心态，换了其他人，一定会觉得压力非常沉重，沉重得令他们失去对其他事物的兴趣。不过我父亲却能够超越自己，以物理学探索宇宙。此外，他也十分重视人与人之间的交往，对人非常友善体贴，因此也得到其他人的关爱。你只要留意他怎样和随团的人相处，便会知道平常在他身边、替他工作的人会多么尊敬他、爱护他、关心他。

父亲除了对科学做出贡献外，他在英国时也经常参与慈善筹款活动及为残疾人士争取改善公共设施。这些活动真的有很大的成效，现在残疾人士不论到哪里都方便多了……所以说，有时我真不知道要怎样形容父亲。

余：他有没有一个属于自己的私人世界？你能否进入这个世界？

霍：每个人都有私人世界。我认为即使是公众人物也有权拥有隐私，和亲友享受私人生活。作为一位父亲和祖父，他也有属于自己的私生活，有很多十分关心他的朋友。现在每个周六，我们会一起看电影。在我们到访香港前的那个星期六，父亲、我和莫尼卡还一起去家附近的电影院看《达·芬奇密码》呢！

霍金非常关心子女

余：他是一个温柔体贴的父亲吗？

霍：是的，他是一位非常关心子女的父亲，常常想多了解及融入孩子的生活，并且十分努力地维持和我们的关系。我的大哥住在美国西雅图，他的儿子在几个月前出生，父亲为了看他的孙子，竟长途跋涉跑到美国去。父亲也和我的儿子非常亲近，经常和他在一起，我和儿子在周末时都会待在他的家里，也会在周末和他外出吃午饭，消磨一个下午。

余：你有没有遗传父亲乐观的基因？

霍：我绝对是个很乐观的人，即使有时遇到挫折，也会保持乐观。虽然我的乐观主义也会受到挑战，但总能很快恢复过来。我热爱生命，对什么都能正面积极地面对。

余：霍金最令人感到不可思议的，是在重重逆境中仍能保持开朗的性格。你有没有见过他感到难过或忧伤的时候？

霍：他当然也有忧伤的时候，因为他也是人，有人的感情。当他得悉克里斯托弗·里夫（Christopher Reeve，科幻电影《超人》的男主角，1995 年参加一次马术比赛时发生意外，脊椎严重受伤，全身瘫痪，2004年死于心脏衰竭）去世时，更是难过得哭了。那是我最近一次看见他流泪，因为里夫是他的朋友，两人曾经见面，也一直保持联系，因此里夫的逝世令他十分伤心。人生不会永远称心如意的，父亲也总有感到哀伤、疲惫和寂寞的时候。这就是人生命的一部分，是人之常情。

把理论都图像化

余：你说得对。有时我对他的思路感到好奇。你有没有问过他是怎样思考的？他是根据图像、数字、声音，还是文字来思考？

霍：这是一个有趣的问题。正巧他在不久前的一个电视节目中，谈到把自己的思考过程变成图像。

余：我明白了，你的意思是他会把理论都图像化了？

霍：这我也答不上来，因为那个节目是有关思考过程中的影像特性的。

余：那你有没有发觉他的思想常在宇宙和日常生活中来来回回？

霍：这是一个有趣的问题！有时你跟他说话，会发觉他心不在焉，根本是在神游太空！这不是很有趣吗？不过我倒认为他完全能掌握生活和科研。

余：而且他很有耐性？

霍：是的，父亲是个极有耐性的人，他的看护也一定认同。有时他虽然要办一些紧急的事，但如果有新的看护，他会细心地说明他的要求及应该怎样做。

如何教育儿女？

余：作为霍金的女儿，你要代表他发言，也要把他的学说传承下去，你会不会感到压力很大？

霍：天呐！昨天已经有很多记者问过这问题，他们问我是否感觉肩上有很多责任？会不会感到压力很大？的确，我年轻时曾感到困惑，我知道自己永远不可能有父亲的成就，这是一种十分负面的想法，令人觉得自己一事无成，不过我已经克服了，因为当我渐渐长大，便开始明白不必和父亲比较，只要凡事尽力，看清自己的长短处，再取长补短就可以了。我现在非常满足，因为对我和父母来说，只要我能够尽力做好自己就足够了。

余：在霍金身边长大有什么感觉？

霍：我有一个非常愉快的童年，剑桥是一个适合小孩子成长的地方，周围都是树木，经常阳光普照。虽然剑桥是一个安静的地方，但却带点田园风味，不会令孩子觉得无聊，而且那里也有很多年轻人，所以我交了很多朋友。现在当我看着儿子，就感到我俩的童年截然不同。我在十二岁才第一次考试，但现在的孩子五岁便得考试，当年我还不知道“考试”是什么呢！

余：难道你父亲没有考过你吗？

霍：没有，他没有这样做。老实说我也不知道为什么……

余：他没有替你温习过考试内容吗？

霍：当然没有！父亲对我们所做的总是很有兴趣，不过他和母亲都不会给我们太大压力，不会老在背后叫我们“去呀！去呀！”。当然父母也对我们有所期望，这是理所当然的事。

余：对，不过他却不会抱着不切实际的期望。

霍：一点没错。父亲曾满怀希望地问我会不会投身科学界，我说“不”，他接受了，因此我在写作上的创意比研究光谱高明得多。

父女合力创作科幻故事

余：听说你正在和父亲合作写书，你们是如何分工的？

霍：这本书的灵感其实是来自我八岁的儿子。我希望以故事的形式给儿子解释父亲的学说，并征询父亲的意见。我们花了整整一年的时间挑选适合的题目以及尝试了解儿童对科学理解的程度。我草拟了故事大纲，由于我很了解父亲，熟知他的喜恶，并将他的生平融入故事中，因此我把大纲交给他时还是蛮有信心的。我的故事里有一位很像父亲的年轻科学家，向孩子们解释物理理论。

余：真是有趣极了！那就是说，当你构思故事时，你把父亲想成是一个年轻人。

霍：正是！其实变成年轻人全是父亲的主意。

余：没有什么比父女合力创作更好的了。

霍：就如我所说，我们一直也有写书的念头。我们认为应善用我作为作家的创意和组织能力，创作一部既是儿童故事书也是物理读物的作品。两者看似互不相干，但我们却将之融合，虽然花了不少时间，不过我非常满意。现在这本书还没有完成，我会继续努力。

余：这本书可说是你父亲的投影，一个幻想故事，同时也是科幻故事，是你送给父亲的礼物吗？

霍：也是他送我的礼物！如果我们把这本书想成是一份礼物，那应该是送给我儿子的。我想书的题词会是：赠威廉，爱你的母亲和外祖父。

余：这本书是由你来起草，他提意见？

霍：是的。我们会先交换意见，然后我将之归纳写成故事，再电邮给父亲提意见，之后再进行修改。有时他会指出我的创作在科学的角度看来是说不通的，有时他会说我的故事太天马行空……真是很有趣呢！

特喜欢华格纳

余：你说霍金喜欢音乐，更会在工作时播放华格纳的乐曲？

霍：他特别喜欢华格纳。他有一台 iPod，里面有他喜欢的乐曲。由于我们住的酒店房间是相连的，所以每当早上音乐响起时，我就知道他已经起床了。我看过他的 iPod，里面有很多莫扎特和贝多芬的乐曲，华格纳的反而不多，我想酒店的其他客人会大呼“好险”吧！（按：华格纳的曲风比较雄壮。）

霍金喜欢音乐，尤其特别喜欢华格纳。(Credit: Casar Willich)

余：看来他真有分身术呢！可以同时听音乐、研究物理，还可以兼顾生活、朋友和家人。

霍：是的。这次的访港之旅把所有该做的都共冶一炉，父亲可以跟其他科学家交流，这对他来说是极为重要的。另外，他也十分支持香港科技大学，希望此行能帮上忙。

余：这也使我们非常感动呢！我们真的非常感谢霍金为我们做的一切。

霍：父亲一向非常热心支持科学教育事业，不过媒体好像只集中在他“想多了解女性”一事上。

余：这正是我想问他的事呢！

霍：父亲很爱开玩笑。事实上，可以让公众知道他活泼的一面是一件好事，不过前提是不影响他严肃的科研工作。另外他也很热心推广科学的教育工作，鼓励年轻人从事科研及让有志者获得深造的机会。

余：我一直在想，霍金得到全世界人的喜爱和崇拜，人们把他看成是一位超级英雄，甚至是半个神。

霍：在英国有不少年轻人参加最尊敬人物的选举，除了英格兰国家队队长大卫·贝克汉姆（David Beckham）外，他们最尊敬的就是史蒂芬·霍金。

形体虽残，精神不废

余：你认为霍金想留给后世一个什么印象？

霍：这真是一个好问题！我想父亲一定希望人家记

得他对科学的贡献以及他对科学严谨认真的态度。他是一个伟大的科学家。他也希望大家记得他是一个享受生活、爱好音乐、喜欢鉴赏美女的人。当然，父亲也是一个敢于接受挑战的人，把不可能变为可能。他曾经在演讲中提及他对残疾的看法，内容感人至深。他说："形体虽残，精神不废。"最令我感动的是父亲以身作则，用自己的经历鼓励其他残疾人士，让他们知道自己不是低人一等的。

霍金用自己的经历鼓励其他残疾人士。（Credit：香港科技大学）

余：他把这重要的信息带给我们，叫我非常感动。十分感谢你接受我的访问。

翻译：罗宇正

第四章

霍金：第一动因与人类命运

郑绍远 香港科技大学理学院院长

1642年1月8日，伽利略逝世；同一年，牛顿诞生。300年后的1942年，就在伽利略逝世那天，霍金出生了。这些伟大天才诞生的日子是这么巧合，在科学和人类发展史上，留下了一个让人充满想象空间的话题——上天为什么如此安排？

霍金是最早用爱因斯坦广义相对论推演宇宙演变的科学家之一。他在著作《时间简史》中，提出“宇宙起源于大爆炸，并将终结于黑洞”的论断，已被科学界所接受。可以说，时空的历史与未来，就是霍金的研究对象。

1642年1月8日，伽利略逝世；300年后的同一天，霍金出生了。（Credit: Ottavio Leoni）

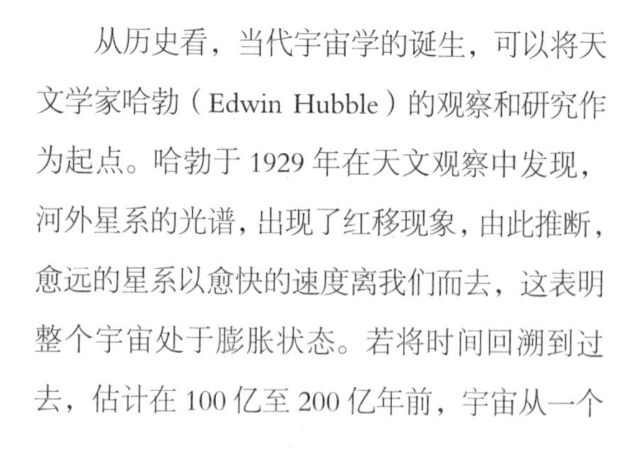

从历史看，当代宇宙学的诞生，可以将天文学家哈勃（Edwin Hubble）的观察和研究作为起点。哈勃于1929年在天文观察中发现，河外星系的光谱，出现了红移现象，由此推断，愈远的星系以愈快的速度离我们而去，这表明整个宇宙处于膨胀状态。若将时间回溯到过去，估计在100亿至200亿年前，宇宙从一个极其致密、极热的状态中大爆炸而产生。

伽莫夫早就预言，早期大爆炸的辐射，仍残留在我们周围。

1948年，俄裔美籍宇宙学家伽莫夫（George Gamow）发表了一篇热大爆炸的文章，他做出了惊人的预言——早期大爆炸的辐射，仍残留在我们周围。不过，由于宇宙膨胀引起的红移，其绝对温度只剩下几摄氏度左右。在这种温度下，辐射是处于微波的波段。到1965年，美国AT&T贝尔实验室的彭齐亚斯（Arno Allan Penzias）和威尔逊（Robert Wilson）无意中发现宇宙背景3K微波辐射，这让宇宙膨胀理论，得到了强大的支持和论证基础。

广义相对论陷入困境

霍金在爱因斯坦相对论的基础上，提出新的修正和补充。霍金和彭罗斯（Roger Penrose）推断，在极一般的条件下，空间–时间必然存在着“奇点”（singularity）。他们二人于1970年证明了“奇点定理”（The Hawking Penrose Singularity Theorem），并由此获得1988年的沃尔夫物理学奖（Wolf prize）。

按照广义相对论，宇宙从大爆炸奇点开始，即大爆炸的起点。奇点是一个密度无限大、质量无限大、时空曲率无限高、热量无限高、体积无限小的“点”，在奇点处，一切科学定律包括相对论本身都失效了，甚至连时空也失效了。奇点可以看成空间和时间的边缘或边界，只有给定了奇点处的边界条件，才能由爱因斯坦方程阐释到宇宙的演化。但边界条件只能由宇宙外的“造物主”给定，因此，宇宙的命运和演化，无疑操纵在造物主手上，这样一来，我们又回到牛顿时代，看到一直困扰人类智慧的“第一动因”（first cause）问题——宇宙的起源和演化，真的由造物主看不见的手推动？

如果奇点是非物理性的，一切科学理论都将失效，这样一来，就构成宇宙学最大的疑难，广义相对论也陷入了理论困局。霍金回忆，“广义相对论在奇点的崩溃，将使我们预言宇宙未来的幻想破灭”，故此必须另辟蹊径去解决这个问题（参见《果壳里的60年》）。霍金相信，在宇宙极早期，整个宇宙非常微小，故此必须考虑量子效应，把广义相对论的思想和量子场结合起来；对于宇宙奇点疑难，也必须用量子引力论才能解决。

1983年，霍金和哈特尔（James B. Hartle）发表论文《宇宙的波函数》，正式提出“无边界宇宙”的设想，即“宇宙的边界条件就是没有条件”。如果时空没有边界，就无需造物主的第一动因。霍金论证，宇宙的量子态处于一种基态，空间和时间可看成一个有限无边的四维面。

打破“第一动因”的苦恼

既然宇宙是一个有限无边的闭合模型，那么我们便得出一个“自含”而且“自足”的宇宙，亦即在原则上，人类凭科学定律，便可以将宇宙中的一切论证出来。霍金和他的学生吴忠超证明了，在无边界假定的条件下，宇宙必须从零动量态向三维几何态演化，于是经典奇点疑难，就被量子效应所解决了，而且宇宙的起点正是由此奇点开始的。人类“第一动因”的300年迷惘，也就被打破了。

既然宇宙是“自含”“自足”的，也就是说，宇宙自己创造自己，自己发展自己。霍金相信宇宙是可以认识、可以理解的，但他又同时冷静地认识到，人类不可能穷尽对宇宙的所有认识。

可以说，人类对宇宙一切的认识只能是相对真理。正如哲学家波普尔（Karl Popper）指出，人类在无穷的相对真理的长路中不断探索、不断进步，通过“除错法”，不断认识真理、逼近绝对真理。人类在认识宇宙的过程中，得到无穷的启迪；而人类的文明也得以不断进步。

这种对科学定律和真理锲而不舍的探究精神，就是人类文明发展的动力，人类的生命在追寻真理的过程中，显得无比珍贵。所以，在香港科大召开的霍金记者招待会上，有记者提问，因病身体不能活动的斌仔（邓绍斌）要求安乐死，这种做法究竟对不对？霍金首先表示，他有这种选择自由，肯定人类自由选择的价值，但他却随即指出，生命是可贵的，寻死是愚笨的决定，只要一息尚存，生命便有希望。

人类命运掌握在自己手上

事实上，霍金一生的确充满传奇色彩。他在牛津大学攻读博士学位时，患上肌肉萎缩症。这种疾病不仅难以治愈，并且会影响到控制运动功能的那部分大脑。这个顽疾到最后使霍金全身不能动弹，只有两根手指头可以随心所欲。但他没有因此而意志消沉，反而以不屈的坚强意志，克服困难，用理性和智慧，对时间、空间、黑洞、宇宙起源与未来建立新的理论和范式，并震撼整个科学界。

2006 年 6 月 15 日，霍金于香港科大举行公开讲座后，接受提问。有人问他，身体的残缺并没有阻挡他的前进，他凭什么力量克服困难？霍金很清楚地表示，“形体虽残，精神不废”。这种坚韧不拔的精神，充分肯定了人类在宇宙中存在的价值，也充分显露了人类生命的价值。也因为有这种坚韧不拔、锲而不舍的精神，人类才有力量和智慧，在无边的茫茫宇宙中，孤独地寻找宇宙的起源和自身存在的原因！

没有“第一动因”，人类的前途和人类社会的发展，也像宇宙一样，自己演化自己，自己发展自己！

第五章 霍金与黑洞

王国彝 香港科技大学物理系教授

在霍金的研究成果中，关于黑洞本质的探讨极为引人注目。今日的天文学界已广泛接纳黑洞的存在，但在很多人眼中，黑洞仍然神秘莫测。黑洞真是黑的吗？如果黑洞是黑的，我们怎样知道它的存在？黑洞的强大引力能吞噬周围的物质，是一个从无序重归有序的过程，会不会违反宇宙从有序变为无序的自然定律？黑洞是不是一条通往未来的时空，甚至是通往其他宇宙的隧道？我们可以想象对自然界充满好奇的霍金，也会对这些问题着迷。在研究过程中，甚至令他本人也出乎意料的，就是发现黑洞不是完全漆黑一片，而是可以发出辐射的。这出人意料的发现，在今日人们一般称之为“霍金辐射”。我将在本文中介绍霍金在黑洞研究中的贡献，也借此了解一下他个人风格上有趣的一面。

黑洞代表万有引力的胜利

在星体的演化过程中，万有引力（重力）使星体产生向内塌缩的压力。在星体还生存的时候，核聚变不断燃烧气体，产生光和热，也产生向外的压力，抵消向内的万有引力，使星体维持在一个平衡状态中。可是当星体渐渐老化的时候，可用的核燃料逐渐消耗净尽，再没有向外的压力和万有引力对抗。于是当星体死亡的时候，万有引力使它变成高密度的物体，称为“致密星体”（compact star）。例如我们的太阳，从诞生到现在，相信已有50亿年的岁数。科学家预测它的寿命是100亿年，于是从现在算起50亿年后，太阳也会走向死亡，变成致密星体。

因此，致密星体可以说是星体演化的残骸，它的形态是由星体的质量决定的。质量和太阳相仿的星体，死亡的时候会变成白矮星（white dwarfs）。质量再大一点的，死亡的时候会产生强烈的爆炸，称为“超新星爆炸”（Supernova explosion），爆炸后会留下一颗中子星（neutron star）。质量最大的星体，死亡的时候留下的残骸，就是黑洞。这类黑洞的质量为数个至数十个太阳的质量，半径为数千米至数十千米，所以它密度之大，简直不能想象。因此可以说，黑洞代表万有引力最终的胜利！

连光也不能逃逸

黑洞之所以是黑的，就是因为它的万有引力，强大至连光也不能逃逸。换句话说，黑洞边缘的“逃逸速度”，达到光速那么高！我们都知道，要从地球发射宇宙飞船，离开地球引力范围进入太空，它的速度必须超

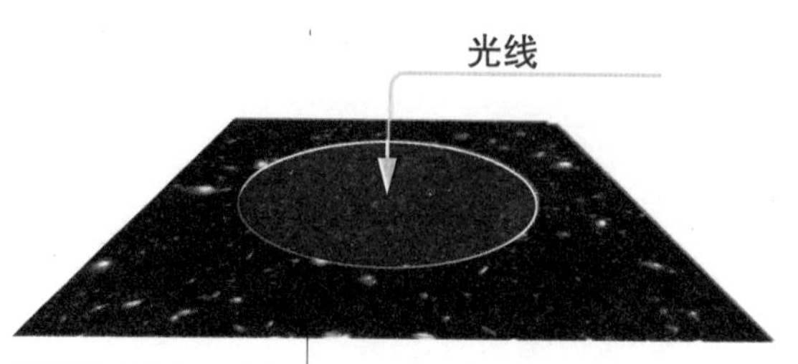

黑洞的引力场，强大至连光也不能逃逸。

过一个临界值，这个起码的速度，就是我们所谓的逃逸速度。所有星体、行星和卫星都有它们各自的逃逸速度，质量愈大，半径愈小，逃逸速度愈大。地球表面的逃逸速度约为秒速 11 千米，可是黑洞的质量大得多，半径也小得多，要从黑洞表面发射宇宙飞船，必须达到光速！

带质量的物体逃不过万有引力，我们可以理解。可是不带质量的光，为什么仍会受万有引力影响呢？要解答这个问题，我们需要换一个角度，从爱因斯坦的广义相对论来解释万有引力。根据广义相对论，物质之间之所以存在万有引力，是因为物质能够把它周围的时空扭曲，这样当其他物质在经过扭曲的时空时，便不能如同没有外力一样匀速直线运动，这效应便有如经过的物质感受到万有引力一般。

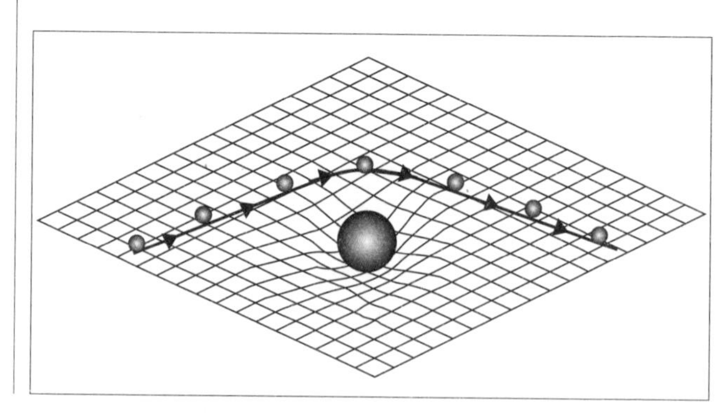

在放着铅球的弹簧床上，乒乓球运动的轨迹。

我们可以将平面空间的运动做个比喻。例如一张弹簧床上，在没有物质存在的时候，弹簧床是平滑的。如果有人在弹簧床上滚动乒乓球，乒乓球便会匀速直线运动。可是当在弹簧床当中放了一个铅球时，弹簧床的表面就产生了扭曲。当乒乓球在床上经过扭曲的表面时，便会跟随着弯曲的轨迹运动。

太阳的引力场把星光偏折。

我们可以将这个比喻引申到立体空间，原理完全一样，只是扭曲的形态不能以平面图描绘而已。在相对论的体系中，除了空间扭曲外，时间也受到扭曲，那么扭曲的形态就更需要用电影去描绘，只是物质扭曲时空的原理仍如出一辙。当光线经过扭曲的时空时，轨迹便不再是直线，而是像乒乓球滚过扭曲的弹簧床表面一样，变成曲线。爱因斯坦根据这个原理，预测星光经过太阳边缘时会产生偏折，又观测到星体的位置偏离太阳。这个预测在 1919 年的日全食期间被完全证实，爱因斯坦也在一夜间成为家喻户晓的人物。

至此还要提一下另一位经典人物。1916 年，第一次世界大战期间，德国的史瓦西（Karl Schwarzschild）在对俄战斗的前线担任军职，负责计算轰击敌方的炮弹轨迹。那时爱因斯坦正在完成广义相对论，史瓦西便在公干之余研究爱因斯坦的理论。他推导出如果星体的质量集中在一个临界半径内，它周围空间的扭曲程度，便可以极端到连光也不能逃逸。这临界半径的数值，便是以逃逸速度等于光速这个条件来决定的，被现代研究者称为“史瓦西半径”（Schwarzschild radius）。

奇点的密度趋于无限

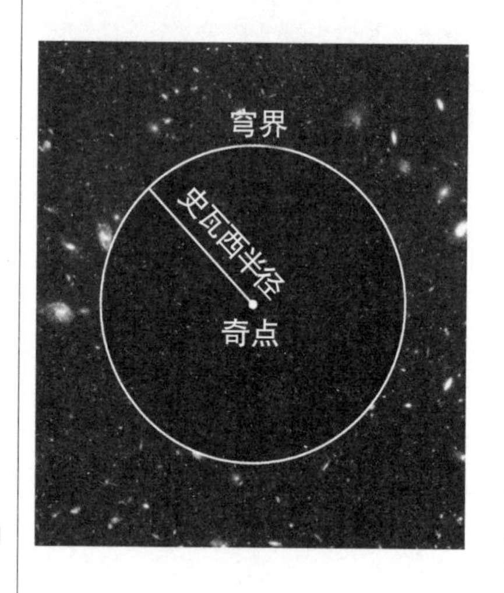

黑洞的结构

霍金提出，黑洞的大小由史瓦西半径决定，不旋转的黑洞，结构特别简单。黑洞的质量集中在中点，称为奇点（singularity）。奇点的密度趋于无限，它的性质不能以今日的物理定律描述，尚有待下一代物理学家的努力。

黑洞的边缘是一个球面，半径为史瓦西半径，称为“穹界”（event horizon）。穹界没有一定的物质形态，所以航天员从黑洞的外面越过穹界进入里面的一刹那，没有任何特殊的感觉，可是航天员已在不知不觉中，踏上不归路，从此不能逃出黑洞了。进入穹界后，航天员再也不能向外界发送任何信息，因为连光也不能逃逸，所以穹界内的形态如何，我们现在只能凭理论推测，实际如何，还不能证实。

既然没有任何信息可以通过穹界传递到外面的世界，那么我们对神秘的奇点便无从知晓了。这个问题一直引起理论物理学家的兴趣；如果能找到暴露在外的奇点，那么一定可以刺激人们对奇点新物理的探讨。霍金的好友彭罗斯（Roger Penrose）研究后的结论是，理论上暴露的奇点是可以存在的，但考虑到它们形成的物理过程，他推测所有的奇点都是被穹界包裹着的，这推测一般称为“宇宙检查推测”（Cosmic Censorship Conjecture）。

黑洞无发定理

1972 年，霍金提出“黑洞无发定理”（No-hair Theorem）。这里所指的头发，是指任何复杂和有个别特征的事物。人的头发可以剪成不同款式，染成不同颜色甚至做负离子直发等。黑洞无发，就是指黑洞的描述非常简单，它的特征以三个参数就可以完全描述了。这三个参数，就是黑洞的质量、角动量和电荷。

黑洞的简单性质，隐含着它与热力学可能存在矛盾。

我们都知道，宇宙中存在着“时间之箭”。宇宙中所有的事物演变，都是不可逆的。一只破了的鸡蛋，蛋黄、蛋白、蛋壳溅了一地，碎片却不会自动从地面飞起重合，恢复成一个完好无缺的鸡蛋。一滴墨水滴在清水里，会不断扩散，但扩散了的墨水，也不会自动从扩散了的状态，恢复成浓浓的一滴。

物理学家在研究过不可逆过程的特性后，总结出热力学第二定律。他们定义出一个物理量，称为“熵”（entropy），用以度量物理系统的无序性。即，有序的物理系统，含有低熵；无序的物理系统，含有高熵。热力学第二定律，就是说物理系统的熵，不会随时间的改变而减少。这正符合我们现实的经验，就是所有物理过程自然的演化，都是从有序至无序的。

问题出现在黑洞吞噬物质的时候。假设含有熵的物质掉进黑洞里，根据黑洞无发定理，描述黑洞形态的参数仍是原来的几个，所以把黑洞和它吞噬的物质看成一个物理系统，它的熵在吞噬过程中便减少了。换言之，黑洞吞噬物质的过程是从无序回归有序，这和热力学第二定律有没有冲突？是不是黑洞也含熵？

坚信无发定理的霍金，认为黑洞不可以含熵。1973年，巴丁、卡特和霍金（Bardeen，Carter and Hawking）提出黑洞物理的四定律，形式和热力学四定律非常相似。其中黑洞物理第二定律，只要把“熵”改变为“黑

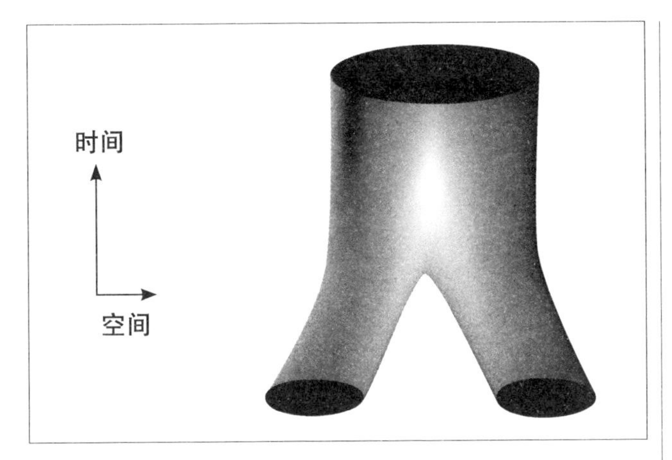

面积定理。图中黑色范围代表黑洞的穹界面积，时间从下至上演化，显示两个黑洞合二为一时，穹界面积的总和不会减少。

洞表面积”，就马上变成热力学第二定律。

更明确地说，热力学第二定律说明，物理系统的熵，不会随时间的改变而减少；而黑洞物理第二定律则说明，黑洞表面积的总和，不会随时间减少。当我们把物质丢进黑洞里，或是把两个黑洞合二为一时，穹界面积的总和不会减少，这结论被称为“面积定理”。

黑洞的面积代表它的含熵量?

这些定律形式上的雷同，是不是显示它们之间有更深层的关系？是不是黑洞的面积代表它的含熵量？当年霍金就很不以为然，他认为这形式上的雷同只是巧合而已，因为如果黑洞含熵，就代表它有一定的温度，而有温度的物体就必定会放出辐射，这不正和黑洞黑暗的本质矛盾吗！

比霍金年轻的伯根斯坦（Jacob Bekenstein），当年还是博士生时，就持有不同的看法。在当年的学术会议上，霍金和伯根斯坦就曾有过激辩。当年激辩的过程可从下列在互联网上流传的对话看出来。

霍金：面积定理和热力学第二定律形式上的雷同，只是巧合而已。

伯根斯坦：我不相信。自然界从来未发生过违反热力学第二定律的过程，为什么黑洞会是例外？我相信黑洞的面积可以显示它们的熵。

惠勒（John Wheeler，伯根斯坦的博士导师）：你的主意的疯狂程度，确有可能显示它是正确的。

霍金：如果黑洞含熵，它就一定有温度。如果它有温度，它就必定会放出辐射。但如果没有东西可以逃出黑洞，它怎么会放出辐射？

黑洞确实会放出辐射

这场辩论之后，霍金的研究开始引入新的元素。广义相对论和量子力学，可说是 20 世纪物理学的两大成就。要研究宇宙中的大物体，如各种天体，特别是致密星体，因为它们拥有强大的引力场，就一定要用广义相对论。要研究宇宙中的小尺度物质，如原子、核子和各种基本粒子，就一定要用量子力学。可是这两个理论，各有自己的一套规范，互不相干。长期以来，把这两大理论统一起来，是无数物理学家的梦想。

当霍金的研究引进量子力学后，他发现自己很多对黑洞的看法都要修正过来。1974 年，他发现黑洞确实会放出辐射！原来在量子力学的世界里，所有的空间，包括真空，都会不断产生虚拟粒子（virtual particle），虚拟粒子又会互相碰撞而湮灭，这种现象称为“真空涨落”（vacuum fluctuations，又译“真空起伏”）。

真空涨落的出现，和量子世界的海森堡测不准原理（Heisenberg Uncertainty Principle）有密切关系。根据测不准原理，能量的测定和测定过程所需的时间有一个妥协关系。测定能量的时间愈短，能量的涨落愈大。虚拟粒子的产生需要能量，好像违反了自然界能量守恒的定律，但只要虚拟粒子在瞬间湮灭，原本被“借贷”的能量便“归还”了。从较长时间的尺度看，就没有违反能量守恒。这正如一个商人向银行贷款，定期归还一样。只要在到期归还时结算，便算收支平衡，可是如果在贷款期间查账，就会看到户口结余时高时低。反之，如果宇宙中真有一个绝对真空的空间，不管测定能量的时间多么短，能量测定的数值仍然是准确无误的零，那就违反了测不准原理。

真空涨落，也存在于邻近穹界的空间。那里的真空，不断产生一对对虚拟的粒子和反粒子，这对粒子大都在瞬间互相碰撞而湮灭。可是黑洞边缘有非常强大的引力

霍金辐射的机制

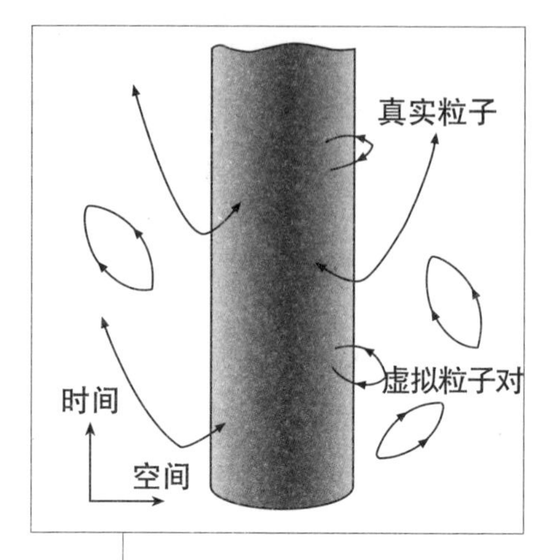

场，这个引力场在不同位置的差别很大，可形成很强的“潮汐力”。强大的潮汐力可以把一对虚拟粒子在湮灭之前扯开，这时粒子对不再是虚拟的，而变成真实的了。其中一颗粒子会飞离黑洞，它的同伴则会掉进黑洞。原则上，这对粒子可以是任何一种基本粒子，但因为光没有质量，所以也最容易产生。在量子世界里，光的粒子状态称为光子，它们把黑洞的能量带走，至此产生的辐射便称为“霍金辐射”。

所有辐射体都有它们的温度，辐射的强度和光谱，都由温度决定。霍金辐射的温度称为“霍金温度”。霍金发现，黑洞愈小，霍金温度愈高。这是因为黑洞愈小，它表面的潮汐力愈强，把虚拟粒子成功扯开的概率也愈大。

霍金对他的发现以霍金式的幽默发布了。这幽默的背景源于爱因斯坦和玻尔（Niels Bohr）之间对量子力学的争论。量子力学中，粒子的演化全由概率决定，爱因斯坦对此很不以为然。他认为自然界的规律是确定的，所以他说：“上帝不会为宇宙掷骰子。”玻尔是量子力学的先驱，与爱因斯坦多番争辩后说："爱因斯坦不应指令上帝怎样做！"现在霍金应用量子力学，发现了黑洞可以放出辐射，便说："上帝不单掷骰子，而且把骰子掷到不能看见的地方去！"

黑洞的质量最终蒸发净尽

霍金辐射的一个效果，就是黑洞的蒸发。辐射带走能量，但在相对论中能量和质量是对应的，所以黑洞的质量会逐渐减少，最终蒸发净尽。而因为黑洞愈小，霍金辐射便愈强，寿命也愈短。小如人体质量的黑洞可瞬间蒸发净尽，但大如星系的黑洞，蒸发时间便比宇宙年龄长得多。

一般星体死亡所形成的黑洞，称为星体黑洞（stellar black hole），质量约为太阳的数倍至数十倍，它们的霍金辐射其实是很微弱的。近年来又发现星系的中心都有

黑洞的质量	蒸发净尽所需要的时间
人	10^{-12} 秒
大厦	4 秒
地球	10^{49} 年
太阳	10^{66} 年
星系	10^{99} 年

超大质量的黑洞（Supermassive black hole），它们的质量往往达到太阳质量的数百万甚至数十亿倍，这些黑洞的霍金辐射就更微弱了。另一方面，有人推测在宇宙早期的时候，曾出现过不少质量较小的原始黑洞（primordial black hole），这些黑洞大都已经蒸发净尽了，但有没有可能仍有少量的原始黑洞存留至今？如果有的话，它们在蒸发过程的最后一瞬间，可能产生伽马射线并爆发，这些可透过天文观测来证实。时至今日，我们尚未有原始黑洞的观测证据。将来如何，还要拭目以待。

如何观测黑洞？

如果黑洞是黑的，我们怎样才可以观测到它？黑洞的霍金辐射太微弱，不足以让我们测到。但今日天文观测上的进步，已使我们对黑洞的存在充满信心。时至今日，我们已发现不少候选的黑洞了，其中很多是 X 射线双星系统。

最早引起注意的候选黑洞，是位于天鹅座的首个 X 射线源，称为“天鹅座 X−1”。它在 20 世纪 70 年代初被发现，位于射电源 HDE226868 附近。1972 年的春天，科学家发现射电源与 X 射线源的亮度相关，显示可能同出一源。还有，射电的波长出现周期性的变化，周期为 5 ～ 6 日，并显示射电源自一个双星系统，因为星体运动周期性地趋近和远离我们，引起波长周期性

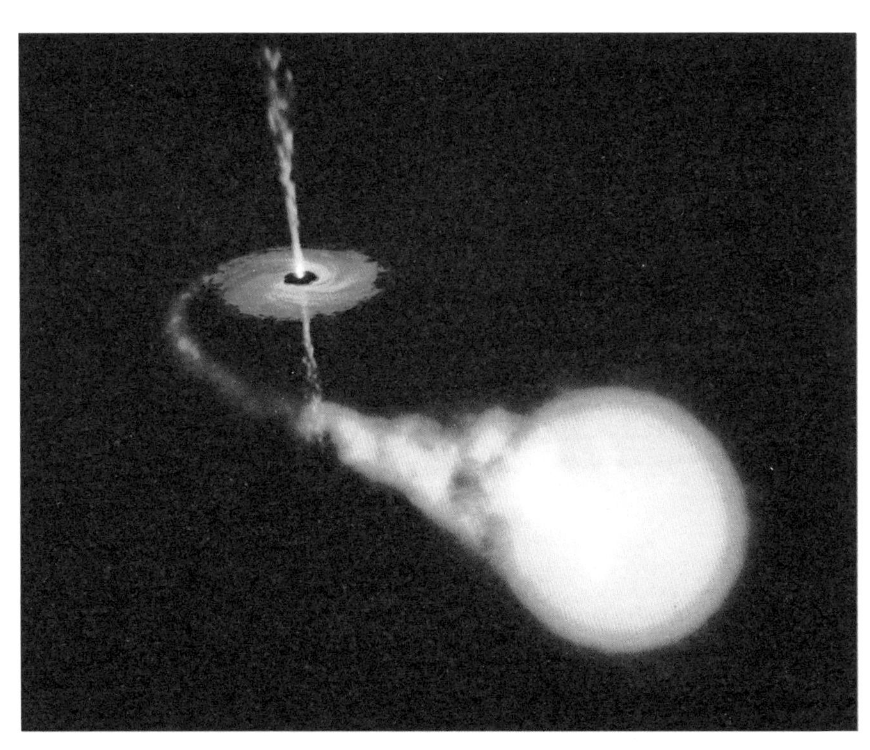

编号 GRO J1655-40 的黑洞双星系统，它距离地球约 1 万光年，黑洞中心质量约为 7 个太阳的质量。（Credit: European Space Agency/NASA/Felix Mirable）

地被压缩和拉长，即一般所谓的多普勒效应（Doppler effect）。更有趣的是，射电源的亮度也出现周期性的变化，显示星体面向观测者的面积出现周期性的变化，这些变化的合理解释，就是射电星体因为 X-1 强大的潮汐力，而从一般的圆形，变形至榄核形。究竟 X-1 是什么星体，质量大得令双星系统旋转得如此之快，又把伴星拉扯得大幅变形呢？

观测又发现，X 射线的亮度可以在短时间内出现变化。天文观测的原理是，光信号若在数秒间出现变化，光源的大小便不能小于数光秒，即光在数秒间进行的距离。假如光源的尺度大于数光秒的话，当亮度改变时，距离观测者的最短和最长距离有差别，在数光秒间亮度就没有可能出现变化。结果显示，X-1 必定是个尺度很小的星体。

再来看双星系统的周期和双星的距离，我们可以根据力学推算出 X-1 的质量超过 7 个太阳的质量。我们在前面已提过，致密星体可以是白矮星、中子星或黑洞，但白矮星和中子星的质量，最高也不超过 4 ~ 5 个太阳的质量，因此黑洞是唯一的可能。其后天文学家不断收集数据，时至今日，我们已有九成半把握确定 X-1 是黑洞，它强烈的 X 射线，来自它吞噬伴星物质的过程。当物质还未流过穹界时已出现了强大的旋涡，涡流中的物质互相摩擦至高温，因而产生 X 射线。

霍金作为黑洞理论的权威，一直留意这些观测上的进展。这里可以提到一段关于霍金的小插曲。霍金和好友索恩(Kip Thorne),曾经打赌天鹅座X-1是不是黑洞。霍金打赌，天鹅座 X-1 不是黑洞。据他说，他这样下赌是想买一份保险。他一生都专注于黑洞的研究，假若宇宙中找不到黑洞，他岂不是血本无归？但即使这样，他也可以在打赌方面，拿回一个安慰奖。索恩则赌天鹅座 X-1 就是黑洞。1992 年，天鹅座 X-1 是黑洞存在的证据，已经非常充分，霍金唯有低头认输。根据双方所订合约，霍金需要赠阅索恩成人杂志一年。

黑洞吸收的信息会重返宇宙

20 世纪 80 年代，索恩曾探讨过，黑洞可不可以形成虫洞（wormhole），而虫洞可成为通往宇宙过去或未来时空的隧道。与此同时，霍金也探讨过，可不可以透过黑洞通往其他宇宙。在黑洞里的宇宙称为小宇宙（baby universe），而这些宇宙的信息可以通过黑洞流失。这些引人入胜的臆测，当然是科幻小说和电影的好题材。可是经过深入研究后，霍金在 1992 年的结论是，透过黑洞穿梭过去、未来或其他宇宙是不可能的。以他的说法，史学家在这个宇宙中可以安枕无忧，不需要担心宇宙的历史会受过去或未来的无端打扰。

1997 年，霍金与索恩又和裴士基（John Preskill）

打赌，内容是“黑洞信息悖论”。我们在前面已讨论过黑洞和熵的问题。熵和信息的概念是相关的，低熵的系统是有序的，但有序的系统便不带信息。霍金和索恩认为，流进穹界的信息，就在我们的宇宙里消失了。不管黑洞吸收了什么信息，黑洞辐射的模样都不会改变。裴士基则认为，黑洞吸收的信息，最终可以透过辐射重返宇宙。2004 年，霍金终于认输，承认黑洞最终可以把吸收的信息释放，只是释放的模样已被搞混了。这次裴士基得到的奖品也很有意思，是一套关于棒球的百科全书，因为其中的信息可以“任意重拾”。

今日我们理解到黑洞的结构、简单性、辐射、含熵和信息论，这些都和霍金研究的成果有关。霍金的成就是理论层面的，但我们今日回顾，也不要忽略实验和观测的配合。如果没有天鹅座 X-1 和其他候选黑洞的观测，那么霍金的理论也只是纸上谈兵。

笑看人生的积极态度

除了科学成就外，我们还应该思考霍金对人生的积极态度。当年他患上肌肉萎缩症，身体功能只会一直退化，很多人对他的寿命都不看好。可是他一活就是 40 多年，而且对科学界做了非常重要的贡献。我们可以体会他那颗赤子之心：带着幽默的态度去看问题和事物，有时他那近乎顽童的行径令人忍俊不禁，但也可以看到他那笑看人生的积极态度。

霍金对处理问题的开放态度也是值得注意的。从他早年与伯根斯坦的激辩，到他提出霍金辐射，从他对各种议题的打赌，到他愿赌服输，我们都可以看到他客观的态度，敢于修正自己观点的勇气，这是作为杰出研究工作者的必备条件。

在人才辈出的科学世界里，霍金还有一个独特的长处，就是他努力普及科学的热诚。他著有畅销书《时间简史》，还有多本科普的书籍。一般看过《时间简史》的人，都觉得不容易看懂，所以最新的版本加了不少插图，力求浅显易懂。他对各种议题设下的“赌局”，可以把艰深学问中的命题，凝聚成大众关注的焦点，从而推广和普及了科学。今日世界的进步，不少得益于科学的进展，所以科学是属于大众的，但愿有更多杰出的科学家，以霍金的精神推广科学。

第二部分

我们的宇宙

第六章 物理学中的时空观念

陈天问 香港科技大学物理系教授

时间是什么？空间是什么？这也许是古今中外最使人迷惑，也引起最多争议的问题。当孔子看到河水潺潺时，不禁慨叹“逝者如斯夫，不舍昼夜”。佛教和印度教认为宇宙是会不断重复的。经过了一段很长的时间后，宇宙又会回到先前的状态，已经发生过的事件会再次重演，循环不息。相反，基督教认为宇宙万物都是上帝创造的，因此有一个开端。但是，《圣经》中没有提到时间和空间是否也是上帝创造的。根据《创世纪》，由于上帝在创世前是在水面上行走的，这样看来似乎时间和空间（还有水）本来就已经存在。

哲学家康德（Immanuel Kant）相信，时间和空间是独立于万物而存在的。它从无限的过去向无限的未来流逝。因此即使宇宙万物有一个开端，但在此之前，时间已经流逝了无限久。基于这个观点，康德认为，无论宇宙是否有一个开端，都会引起逻辑上的问题。如果我们相信它有一个开端，那么为什么要等了无限长的时间，宇宙才在突然的某一时刻被创造出来呢？反之，如果宇宙一直存在，那么为什么要过了无限长的时间它才发展到我们现在看到的样子呢？

因为发现了宇宙膨胀，现今物理学的主流看法是，时间和空间都起源于137亿年前的大爆炸（Big Bang，又译大霹雳）。谈论大爆炸以前的时间是没有意思的。就像讨论整个宇宙以外的空间一样。

读过霍金《时间简史》的读者可能会对时间是否有开端的讨论有一定的了解。在此，我们来探讨另外两个不同但又相关的问题：时间和空间是否绝对存在？它们是不是连续的？

时空是个空的舞台

讨论时空的绝对性最好从以下问题开始：如果宇宙中所有物体都消失了，时间和空间是否仍然存在？

康德的答案是肯定的。牛顿也有相同的看法。在牛顿的观念中，时空就像一个舞台。不同的事件在台上发生。显然，就算台上一个演员都没有，一个“空的舞台”依然存在。对此，其他一些哲学家和科学家有不同的看法。其中最著名的是莱布尼茨。除了争论谁首先发明微积分外，莱布尼茨和牛顿对时空的看法也大不相同。莱布尼茨认为时空应该是纯粹“关系式”的，也就是说，时间和空间是以不同物体、不同事件间的关系来定义的。没有了对象，时空也就失去了意义。我们可以用以下的比喻来说明他的观点：时空就像一个句子，里面的字母就是事件A或B。我们可以说A在B的左边或右边，也可以说C跟D距离多远（它们中间有多少个其他字母）。但是，如果我们把所有的字都拿掉，那么剩下的不是一个“空的句子”，而是什么都没有了。

莱布尼茨认为时空应该是纯粹“关系式”的。

如果时空完全是“关系式”的，那么任何一个观测者都应该是平等的；也就是说，地面上的人看到车辆说车辆在动，车上的人也可以说是地面上的人、树木和建筑物一起在动；坐在旋转木马上的人也可以说是整个世界绕着他转动……所有的观测者都可以用同样的物理定律解释他们所看到的一切现象。

康德和牛顿的时空定律，不是对所有观测者都适用，牛顿的力学理论隐含了他的绝对时空观。我们来看看牛顿运动三定律：

第一定律 在没有外力的作用下，物体的速度（速率及方向）保持不变。换言之，静止物体将保持静止，而运动中的物体亦不会无故停下来。

第二定律 物体的加速度（速度的改变率）正比于其所受之外力，反比于其质量。也就是说，外力越大，物体加速越快。质量越大，则越难加速。

牛顿力学隐含绝对时空观。

第三定律 任何力都有一个与之相对应的反作用力。力与反作用力大小相等，方向相反。

在日常生活中，我们很容易举出反作用力的例子。想象你每次从椅子上站起来时所做的动作：双脚用力把地板往下推。我们可以站起来，靠的就是地板的反作用力把我们向上推。

牛顿假设有一些惯性参考系

当我们不动（相对于地面）的时候，牛顿力学是适用的。想象一个爸爸和他的儿子面对面地站着，两个都穿着溜冰鞋。你会发现如果爸爸不推儿子，那么小孩就不会无缘无故地往后溜。如果爸爸推了一下，儿子就会以某个速度向后退。如果地面足够平滑，他很久都不会停下来。同时，爸爸也会受到一个反作用力而向反方向移动。一般来说，两人分开的速度会不同。小孩子的速度会较快。因应用力的大小，他们的速度亦会不同。有趣的是，他们速度的比例永远是一样的。举例来说，那个小孩子的速度永远是他爸爸的两倍。显然，要改变一个成年人的速度是比较困难的。我们可以用他们速度的比例来量化这个困难度。我们说爸爸的“惯性质量”是儿子的两倍。意思就是说，要改变他的速度有“两倍那么困难”。

这样一来，通过上述的方法，我们可以赋予所有物体一个数字，来描述要改变其速度的困难度。这个数字就是我们称为“质量”的东西。在上述的例子中，如果我们选取小孩的质量作为一单位，那么父亲的质量就是两单位。

现在如果你和那对父子一同上了一艘正在平稳行驶中的船，可以想象你看到的情况不会有任何不同，以致除非你望向舱外，否则根本不可能知道船是不是真的在动。

对于地面上和相对地面平稳运动的观测者，牛顿力学都是适用的。他们会观测到物体具有惯性质量，也就是对改变速度的不同程度的惰性。

好了，现在想象你在一辆正在向前加速（相对于地面）行驶的车上。你会看到所有的东西都向反方向加速。你尝试应用牛顿力学，把它解释成有某个力把所有东西都往后拉。但是你找不到对应的反作用力。牛顿力学对你来说是不适用的。你观测到物体并不具有惯性，也不会无故加速。我们把前者称为“惯性观测者”，而牛顿力学对之不适用的观测者称为“非惯性观测者”。

现在我们一般把牛顿第一定律看成惯性观测者存在的物理定律。它说的是宇宙中存在着惯性观测者。一个明显的例子就是地球。严格来说，由于地球的自转和公转运动，我们其实并不是惯性观测者。在地球的北半球，一个运动中的物体看起来会“无缘无故”地向右转。这就是台风为什么不直接吹向风眼，而是呈逆时针旋涡状的原因。相反，在地球的南半球，运动中的物体则会向左转，因此台风也会变成顺时针转动。然而，这个效应非常微小，以致只有在像台风或季候风这样的大尺度系统中才显得重要。在一般日常的运动中，我们可以不考虑类似的效应。我们说地球是一个很近似的惯性参考系。

概括来说，牛顿力学假设有一些惯性参考系，不同的惯性参考系中的观测者做匀速相对运动。惯性观测者会看到牛顿力学成立。因此我们不可能从物理实验中分辨出谁在运动，谁是静止的。相反，加速中的观测者则会看到牛顿力学不成立。我们可以从物理实验分辨出谁真正在加速。加速是绝对的。因此我们可以说牛顿力学不是一个“关系式”的理论。

以太真的存在吗？

牛顿相信绝对的时间和绝对的空间。他的理论中包含绝对的时间，但却不能推出绝对空间的存在，因为绝对运动是不可测的。到了19世纪末，随着电磁学的发展，绝对空间再次引起争论。电磁学理论预测了电磁波的存在，而可见光不过是电磁波的一种。如果电磁波和声波一样需要一种介质传播，那么由于电磁波能够在整个宇宙中出现，这种介质也一定充满了整个空间。当时一部分科学家相信这种介质的存在，并给它起了一个名字——以太（ether）。这样一来，以太就充当了绝对空间的角色。绝对运动可以以物体相对于以太的速度来定义。

那么以太是不是真的存在呢？如果以太存在，那么我们相信地球应该不会刚好相对于以太静止。这样当地球在以太中运行时，我们在地球上会看到以太像风一样吹过。当然，以太风未必会吹动我们的头发。但我们可以从光波在不同方向的速度来测量以太风的速度。垂直于以太风方向的光速不受影响，而平行方向的光速则会增加或减小。情况有点像在流动的河流中游泳。这个效应是可以测量的，但实验的结果是光在任何方向上的速度都是一样的。这有两个可能的解释：要么地球在以太中刚好是静止的，要么时间和空间都不是绝对的。相同的事件，不同的惯性观测者会看到不同的时间和空间间距。光速和其他所有物理定律在所有惯性观测者看来都是一样的。这里成就的是爱因斯坦的狭义相对论。可以这样说，在狭义相对论中，时间和空间混合起来变成“时－空”，没有了独立的绝对时间和空间，但依然存在绝对的“时－空”。加速运动依然是绝对的、可分辨的。

加速运动的绝对性能很好地解释著名的“双生子悖

论”。假如有一对双生子 A 与 B。B 坐飞船去太空旅游，而 A 留在地球上。根据狭义相对论，一个惯性观测者会看到运动中的钟变慢了。因此 A 会看到 B 的时间流动得比平时慢。当 B 回到地球的时候，他会比 A 年轻。如果狭义相对论对 B 也适用的话，那么在他看来，他自己是静止的，是 A 在运动。应用狭义相对论，B 也应该可以推导出在他们重遇时，A 会比较年轻。那么到底谁是对的呢？答案是，B 会比较年轻。因为如果我们相信狭义相对论对 A 适用，那么由于 B 必须对 A 加速才能回到地球，他并不是惯性观测者。狭义相对论对 B 来说是不适用的。也就是说，狭义相对论也不是一个完全“关系式”的理论。

另外一个明显的非惯性参考系就是像旋转木马一样的转动系统。事实上，牛顿就是用一个转动中的水桶的例子来反驳莱布尼茨的观点的。当水桶相对地面转动时，我们会看到水面弯曲。这可以用牛顿力学完美地解释。想象水桶的中心有一只小蚂蚁随着水和水桶一起转动。在它看来，是整个宇宙绕着它和水桶转动，而水面当然也是弯曲的。它尝试用牛顿力学来解释它看到的现象（我们不探讨为什么它在快淹死的时候还有兴趣思考物理问题），为了解释水面的弯曲，必须假定有一个力把水向外拉。但是它不能解释这个力的来源。有可能是因为宇宙中所有绕着它转动的东西引起吗？观测一个不转动的水桶，它的水面是平的。因此不转动的宇宙显然不会对水有拉力。那么，这个拉力有可能是宇宙转动的效应吗？如果我们有办法使宇宙中所有东西都绕着地球转动，那么我们会看到一个静止的水桶的水面弯曲吗？牛顿和当时大部分人都相信不会。因此，他认为转动是绝对的。

广义相对论是完全关系式的理论

部分物理学家后来对这个问题有了新的看法。在发表狭义相对论的大概 16 年后，爱因斯坦把他的观点推广到广义相对论。他自言广义相对论是部分受到马赫（Ernst Mach）的观点所启发的，马赫是 19—20 世纪初的哲学家和物理学家。爱因斯坦对马赫原理有如下的诠释：物体的惯性质量可能是由于宇宙中其他东西的引力的结果。也就是说，如果宇宙中所有东西，包括远处的星星，真的都绕着地球转动，那么这些转动的质量的整体引力效应刚好会引起水

哲学家和物理学家马赫，爱因斯坦的广义相对论受他启发。

面的弯曲。在广义相对论中，地面上的人和蚂蚁看到的现象都可以用同一套物理理论解释。这也是为什么很多物理学家都把广义相对论看成完全“关系式”的理论。

但是，现代物理的另一个重要支柱——量子论，是一个有时空背景的理论。这也是把量子力学和广义相对论结合起来的其中一个难题。假如有一天，我们有一个统一的理论，其中的时空会是绝对的还是“关系式”的呢？现在我们还不知道。但相当一部分物理学家相信，它应该会是一个纯粹的“关系式”的理论。

时空的连续性

古希腊数学家芝诺（Zeno）质疑，如果时空是无限可分割的，则有所谓“阿基里斯跑不过乌龟”的悖论。阿基里斯（Achilles）是希腊神话中战无不胜的英雄。有一天他跟一只乌龟赛跑。骄傲的他让乌龟先跑一段距离。问题是：阿基里斯能够追上乌龟吗？由于阿基里斯要追上乌龟，必须先到达乌龟现在的位置，但是在这段时间里，乌龟又跑了一段路。于是阿基里斯又得再跑到乌龟新的位置。同样地，在这个时间段，乌龟又会再向前跑一段路……这样说来，阿基里斯不是永远都不能追上乌龟吗？当然，我们知道在真实的情况下，阿基里斯一下子就能把乌龟追上。但是这个悖论说明，在几千年前，人类就已经对时间是否连续感到疑惑。

根据相对论，时空是混合的，如果时间不是连续的，那说明空间也是一样的。那么，到底是否存在一个最小的时空间距呢？从我们日常的经验看，大部分人会觉得时空是连续的。然而，现在大部分物理学家都相信时空在小尺度上是不连续的。这个尺度被称为“普朗克时间”和“普朗克长度”。它们的数值分别为 10^{-44} 秒（1 秒的万亿亿亿亿亿分之一）和 10^{-35} 米（1 米的千亿亿亿亿分之一）。普朗克尺度如此微小，以至在一般情况下我们难以察觉。就是现今最先进的科学仪器，也不能够直接测量它的大小。但是，从不同的理论推导中，绝大部分物理学家相信，不连续的时空才是比较自然的。其中的一个例子是黑洞的霍金辐射。

黑洞是广义相对论推导出的一个结果。当一颗恒星耗尽了它的燃料时，它就会塌缩成一个体积很小但密度很大的星体。相应的，星体附近的引力会变得很强。如果星体的质量足够大，以至连光都不能逃脱它的引力牵引，那么这个星体就变成了一个黑洞。由于没有东西可以跑得比光快，因此在古典（不考虑量子力学）的物理学理论中，没有任何东西可以从黑洞中逃脱。

1975 年，霍金提出，如果考虑量子效应，那么黑洞可以放出辐射。量子力学是 20 世纪初发现的物理理论。在量子理论中，真空并不是虚无一物的，而是充满了所谓的“虚拟粒子”。这些虚拟粒子一对一对不断地生成，然后又在很短的时间里互相湮灭，因此我们一般观测不到它们的存在。但是，在黑洞附近，有可能发生下面的情形，这些虚拟粒子对中的一个被吸进了黑洞，另外的一个粒子于是变成了自由粒子而逃离黑洞。在远处看来，黑洞就像一个发热的物体一样发出辐射。这种辐射现在一般被称为霍金辐射。而黑洞的能量（质量）则因为流失而慢慢“蒸发”掉。霍金辐射意味着黑洞应该具有温度。大质量的黑洞的温度很低，因此它要经过很长的时间才会完全蒸发掉。例如一个太阳质量的黑洞，它的温度比液态氮还要低很多。这样的一个黑洞要花上宇宙年龄的100亿亿亿亿亿亿倍才会完全蒸发掉。黑洞的质量越小，温度越高。一个小黑洞能在一瞬间蒸发并释放出巨大的能量。

熵是指无序度的量，上图的桌面比较乱，熵比较高。（Credit：陈天问）

黑洞的熵与表面积成正比

在热力学中，一个物体具有温度也表示它具有“熵”。熵是表示一个系统的“无序度”的量。简单来说，无序就是“乱”的意思。举个例子，大部分人看到左边的两张图片，都会说上图的桌子比较“乱”。

但是，如果我们进一步问，为什么？“乱”是如何定义的？对这样的问题，相信一般人都会瞠目以对。我们日常的很多用语，都是依赖主观的感觉，没有严格定义。比如，我认为某人长得很“漂亮”，其他人未必会认同。现今的物理学还不能告诉你何谓“漂亮”，但却可以给“乱”下一个严格的定义。一个系统是否无序，依赖于我们对它的状态知道得有多清楚。知道得越少，它就越无序。比方说，在前页的图中，桌子上看起来很乱。但是，如果要让我去找去年的税单，我早已知道它是桌子右下角答题本子下纸堆中的第三张。无论我要找什么，我都知道在哪里，那么桌子对我来说就一点也不“乱”。反之，下面的桌子看起来很整齐，但是如果我要找什么文献都要半天才能找到，那么它对我来说就是很“乱”的。我们也可以说一个系统的无序度就是我要得到多少信息，才能完全知道它的所有细节。熵的数值就是把这个未知的信息量化。简单来说，它的意思是如果我们把这些信息存在计算器里，需要多少个位（bit）。

物理学家贝肯斯坦（Jacob Bekenstein）发现，黑洞的熵正比于它的表面积。这引起科学家的推测，信息可能是空间本身携带着的。但是，如果空间是连续的，那么任何一个区域都有无穷多的点，携带着无限的信息。有一个这样的故事：一个外星人来到地球，希望把我们的文明记录下来，带回他的星球。地球人把所有的百科全书都搬到他的宇宙飞船里。他在里面搞了半天后拿了一根金属棒子走出来，说已经把我们所有的历史、文学、科学、哲学等都记录在这根棒子上了。地球人仔细一看，棒子上有一个很小的孔。外星人解释说，他已经把所有信息都变成二进制位，成了一串长长的 0101011010010010011001001000101001000100100100101010100100……他把这个数字看成长度，在距离棒子一端的这个长度上钻了一个小孔。当他回到他的星球，再测量这个长度时，就可以把数据还原了。

显然，如果空间是连续的，上面的数字可以有无限个数位。他还可以把地球上每个人的名字都记录进去。由于连续的空间可以携带无限的信息，如果黑洞的熵是空间本身携带着的，那么空间也很可能是不连续的。一些物理学家认为，黑洞的表面就像一个显示屏，上面有一格格的像素（pixel）。这些格子的长度刚好是普朗克长度。在相对论中，时间和空间是混合的，因此时间也应该是不连续的。

等待下一位爱因斯坦

由于发现了宇宙膨胀，现在大部分人都相信时间有一个开端。但时空到底是什么呢？在所有古典的物理学中，时间和空间都是最基本的概念。其他的物理量都是根据它们来定义的。然而，在这些理论中，时空本身却一直被当成先验的概念。物理学发展到今天，我们终于能够比较深入具体地探索时空的真实意思。虽然我们现在还不能回答“时空是什么”的问题，但很多物理学家正致力于把相对论和量子力学结合起来，迈向一个最终

爱因斯坦认为，时空是一体的。（Credit: Harm Kamerlingh Onnes）

的统一理论。大部分人相信，在这个理论中，时间和空间很有可能完全是“关系式”的、不连续的。这些观点是否对呢？我们现在还不知道。也许答案必须等待下一位“爱因斯坦”的出现。

第七章 从弦论看宇宙起源

戴自海 美国康奈尔大学物理系教授

太阳是我们星系中的一颗恒星。本银河系的形状像个圆盘，其中约有4000亿颗恒星。太阳的位置靠近本银河系的边缘。在夜空中朝我们星系中心的方向望去，就会看见银河。人们已经知道其他恒星也拥有它们自己的行星，因此我们的太阳系在本银河系中或许并不稀奇。在今日我们的可见宇宙中，有亿万个星系，不管怎么算，都可说是浩瀚无边。但这所有的一切是从哪里来的？我们的宇宙是怎么开始的？这是数千年来人类在现代化的过程中所一直思考的问题。

今日，我们对宇宙的起源知道得不少。我们知道宇宙大约是137亿岁。我们可以追溯到宇宙刚诞生的时刻，约在诞生后的10^{-34}秒，当时它还差不多是原子的大小。我们对它怎么从诞生后10^{-34}秒一直成长到今天的样子，有一套详尽的解释。我们对宇宙将来会发生什么事，也有一些概念。这些知识大部分是在20世纪得到的。时至今日，这个牵涉到宇宙学家、粒子物理学家、天文学家、天文物理学家、弦论家，甚至数学家的研究领域，还是相当活跃的。

宇宙学已经脱离了不科学与含糊的刻板印象，蜕变

本银河系的形状像个圆盘，其中约有 4000 亿颗恒星。（Credit: NASA & STScl）

成一门精确的科学。在未来的几年中，新的观测资料会层出不穷。再加上对理论更深入的理解，我们预期会对宇宙的起源有更多的了解。在这里我想和各位分享这些惊人的发展。正如我们即将看到的，我们的宇宙拥有最最神秘与惊奇的故事。

物质告诉空间要怎么弯

引力是一种远程作用力；在相距遥远的电中性物体之间，它占有主宰的地位。因此宇宙的大尺度结构是由引力来决定的。在牛顿的万有引力定律之后，第一个大的发展是从爱因斯坦在 1907—1916 年提出的广义相对论中来的。这个理论倡议，引力无非是时空弯曲的结果。举例来说，一团质量会让时空变形。当另一个物体在这个弯曲的时空中自由运动时，它的运动方式看起来就像是被这团质量所吸引一样。如此，在物体的质量不太大时，便可以重现牛顿的引力定律。

这个二维的展示可让你掌握广义相对论的基本概念：假想把一个保龄球摆在床上。它的“质量”会让时空（也就是床面）变形弯曲。另一个质点在此弯曲空间中运动，最后的结果和牛顿万有引力定律所产生的结果相当。

惠勒（John Wheeler）说得好：“物质告诉空间要怎么弯，而空间告诉物质要怎么动。”然而，当质量很大时，爱因斯坦的理论还会导致诸如一些事件视界（event horizon）的黑洞等有趣的新物理。

当爱因斯坦的理论应用在整个宇宙上时，我们时空的几何就由宇宙内含的各种能量形式（包括能量、质量、辐射、曲率）所决定，而这些能量形式会依次指挥宇宙在时间上的演化。当你单看一颗稻子的谷粒时，它看起来一点都不均匀对称。不过，当你在谷仓里隔着一小段距离看稻谷时，乍一看，它们在各处和各个方向上就几乎相同。也就是说，当宇宙中的物质在很大的尺度下平均来看，就是均匀且各向等同的了。对这种简化的状况，广义相对论导出的解显示，这种宇宙正在膨胀。

宇宙膨胀类似气球膨胀

1929 年，哈勃（Hubble）使用美国加州理工学院直径 100 英寸（254 厘米）的威尔逊山（Mount Wilson）望远镜，发现星系正在离我们远去，而且越遥远（也越暗淡）的星系，远离的速度越快。这表示我们的宇宙正在膨胀。

宇宙的膨胀和气球的膨胀类似。

宇宙的膨胀和气球的膨胀类似：假设

我们在气球表面画些记号；当气球膨胀的时候，这些记号便会互相远离。固定在其共动（comoving）位置的物体：会发现它们之间的相对距离，在所有的方向上都在增加。

在时间轴上回溯，我们宇宙的尺寸会变得越来越小，最后回到一个点。把星系目前远离我们的速度有多快测量出来，我们就可以用爱因斯坦的解往回推算，然后会发现整个宇宙在137亿年前始于一个点。我们也发现今天宇宙的温度大约是在绝对温度3K（即−270℃）。

当然，这种奇点（singular point）的存在，表示我们必须更仔细地检验我们宇宙的起始。把所有的东西挤成一个点并不可能，但如果要挤进很小的区域中就有可能了。当宇宙被压进一个很小的区域时，它会变得很热。让人惊奇的一点是，对宇宙的描述在此其实会变得极为简单。要看出这一点，不妨以水为例。把水冷冻成冰可以做成冰雕，可是把水加热成蒸气，就只能让它变成水蒸气。对气体的描述，和对包含所有冰雪可能形成的千姿百态所需的描述相比，显然要简单得多。

将水蒸气冷冻到冰点以下，会产生雪花，且具有许许多多不同的美丽图案。而且冰块也可以刻成各式各样的冰雕。

说到我们的宇宙，今天的宇宙在微观下可容许不同的原子与分子存在，宏观下也有生命与哺乳动物，到了天文学尺度更有星球和星系。这是一幅非常丰富而复杂的图像。而时光回溯得够远，宇宙就比现在炎热且均匀得多。核子的强作用力会随着我们进入短距离而变弱，这就让我们对早期宇宙有了一种简单的描述。

这里有一段宇宙的简史。大约在137亿年前，宇宙在一场大爆炸中诞生。当时它是一团装满电子、光子、胶子与夸克等所有辐射与基本粒子的热场。随着其膨胀，它冷却了下来。在最初几分钟之内，轻原子元素的原子核于此形成。伴随着温度的是普朗克的黑体辐射。到了40万岁左右，当时电子和原子核束缚在一起形成中性原子，这些黑体辐射，也就是宇宙微波背景辐射，就不再被吸收，而能从远方到达我们这里。今天的宇宙已经冷却到绝对温度3K左右。热大爆炸（Hot Big Bang）核合成（nucleosynthesis），也就是各种轻元素最初形成的理论计算结果，和观测数据非常吻合。3K的宇宙微波背景辐射，由阿法尔（Alpher）、赫尔曼（Herman）和伽莫夫（Gamow）在1948年左右所预测，由彭齐亚斯（Penzias）与威尔逊（Wilson）在1964年测量到。

我们宇宙的内容

WMAP卫星发现宇宙的温度是2.725K。还有，我们的宇宙是平的，并不弯曲。宇宙学的观测也确定了我们宇宙的能量成分。

（1）4% 是可观测的物质，构成所有恒星与行星的普通物质，也就是原子。

（2）22% 是暗物质（dark matter），其本质我们还不了解。

（3）74% 是暗能量（dark energy）。同样，我们并不了解其本质。然而，许多人相信暗能量只不过是爱因斯坦所引进的宇宙学常数（或是真空能量），但他在哈勃的发现之后放弃了这个想法，并称其为一生中最大的错误。不过，也许爱因斯坦终究没错。宇宙学的一个重要目标是找出什么是暗物质，什么是暗能量。毕竟，他们构成了我们宇宙中大部分的能量成分。

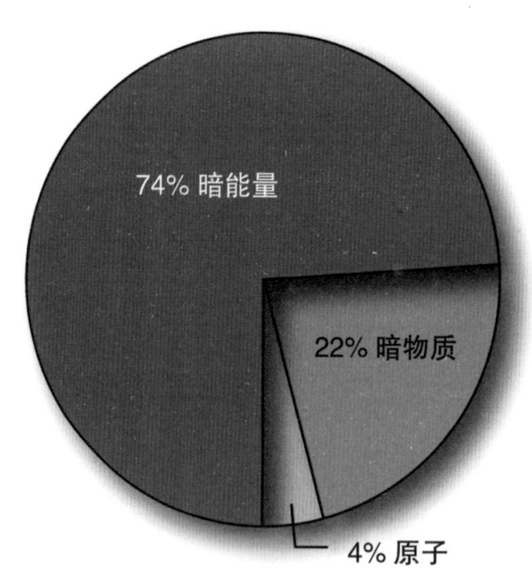

我们宇宙的能量成分（Credit: NASA/WMAP Science Team）

暗物质和暗能量有何不同？既然我们不知道它们是什么，那我们如何能勾勒出它们的区别呢？其实，我们的确知道一些它们的性质。先考虑暗物质好了。暗物质的行为和普通物质很像，只不过我们不能用平常的观测方法看到它们。所有的东西，包括暗物质，都会以引力相

WMAP 卫星发现宇宙的温度是 2.725K。（Credit: NASA/WMAP Science Team）

互作用，因此它们也都会在爱因斯坦的理论中出现。假设我在一个给定的体积中放了固定数量的粒子，物质的密度就是粒子的数目除以体积。随着宇宙的膨胀，体积会增加，因此密度便会跟着下降。这就是普通物质的行为，也是暗物质的行为。在另一方面，暗能量并不会随着宇宙膨胀而有所变化。也就是说，假如宇宙膨胀了 10 亿倍，暗能量的总量也就增加了 10 亿倍。这就是暗能量为什么在早期宇宙中的贡献并不如在现今宇宙中重要的道理。直到不久前，宇宙的膨胀率，在其大部分的生命历程中，已经减慢不少。然而，暗物质近年来的主宰地位却造成了宇宙膨胀得更快，也就是说，加速膨胀。

暴胀的早期宇宙

现在让我们回到早期宇宙。假如宇宙从一个大爆炸开始，那是什么原因造成这场大爆炸的呢？也就是说，宇宙是从何而来的呢？1980年，古斯（Alan Guth）提出了暴胀宇宙学说。根据这个学说，在大约10^{-35}秒内，宇宙中含有巨大的暗能量成分，远比现在的值要大得多。于是宇宙的膨胀很快地加速。在一段很短的时间内，即10^{-33}秒中，宇宙呈指数膨胀，膨胀到超过原来的1075倍大。这就是暴胀期。暴胀期结束，大约10^{-33}秒时，几乎所有的暗能量成分（除了一点点残留到现在）都转变成了辐射 / 物质。事实上，我们可以从一个没有物质或辐射、比一个原子还小的宇宙开始，最后变成具有所有物质的今日宇宙。古斯将此称为终极的免费午餐，所有的东西从几近虚无开始。这里，免费午餐的用法可以调换成无的概念。让我们称之为 *"almost nothing"，即小无。*

且让我对此学说给出一个简单的图像，然后再谈谈这个异常提案的三个议题。①这怎么可能？我们在基础物理中学到的能量守恒怎么了？②为什么暴胀宇宙会是这么吸引人的好主意？③为什么大部分的宇宙学家都相信宇宙暴胀?

慢滚暴胀学说(slow-roll inflation scenario)用一个纯量场,也就是所谓的暴胀子(inflaton),及其有效位势——暴胀子位势(inflaton potential)来描述。这个位势具有一段非常平坦的部分,因此暴胀子会慢慢地沿着位势滚下。在它慢慢滚下的同时,根据爱因斯坦方程,位势便提供了驱动暴胀的真空能量。然后当它到达了陡峭的部分时,它就迅速地滚落,而从位势所释放的能量会经由阻尼或是其他手段转变成粒子。这就加热了宇宙并开始了热大爆炸。

回想一下电场 E。储存在电场中的能量由能量密度——E2/2 给定。这是能量存在电容中的方式。再回想一个简单的事实,带有相反电荷的物体会相吸。而对引力来说,带有同号引力荷(也就是质量)物体之间的引力是吸引力。接着就很容易证明,对于一个引力场 g,储存在 g 中的能量是负的,也就是说,储存在引力场中的能量由能量密度—— -g2/2 给定。因为质量对能量的贡献是正的,我们可以明白,要安排某种质量分布来让其总能量和场的能量刚好抵消,并不是一件难事。我们可以将宇宙暴胀看作是一个可以从无中产生物质,同时又遵守能量守恒的聪明机制。

对于在广义相对论体系中的任何宇宙解,一般会预期它会带有一点曲率,不管是正的还是负的。由于缺乏动力学对称上的要求，要使宇宙的曲率刚好是零，是极不可能的事情。这就是所谓的平坦问题（flatness problem）。除此之外，要了解宇宙为什么会这么均匀，也很困难，由于在早期宇宙中，不同的区块是因果不相连通的，因此没有办法让不同区块的性质互相“看齐”。这就是所谓的视界问题（horizon problem）。在粒子物理中，我们预期如磁单极之类的拓扑缺陷会在早期宇宙的相变中产生。假如这是对的，其衍生的密度会大到将宇宙变成封闭型，而这和我们观测到的宇宙完全不符。这就是磁单极问题（monopole problem）。这三个问题在某种程度上来说非常严重，因为对其粗略的估计将违背观测数据达许多个数量级。不过只要有足够的宇宙暴胀，这三个问题就会迎刃而解。指数膨胀大幅冲淡了磁单极密度以及曲率，同时宇宙中因果不连通的区块在暴胀之前其实是因果相通的。

COBE 卫星，探测宇宙背景辐射。（Credit: NASA）

在暴胀子滚下位势的同时，量子涨落会导致暴胀子的起伏。这会使它在不同的地方滚下位势的时间有些许不同，于是引进了一种物质 / 辐射密度在不同位置的微小涨落。这种密度涨落在引力作用下是不稳定的，因此它终会成长，最

后导致结构 / 星系的形成。这种涨落也会导致 3K 宇宙微波背景辐射的温度涨落。这个微小的温度涨落在 20 世纪 90 年代初期首先由 COBE 卫星观测到。暴胀模型预测这个微小的温度涨落会产生一种几乎与尺度无关的功率谱。这已经被 WMAP 卫星及其他实验所证实。在未来几年内，会有许多实验开始进行，它们将会收集大量的数据资料，来检验这个学说的更深层次的内容。

膜暴胀

暴胀宇宙的提出，是为了解答许多微调问题，如平坦问题、视界问题和拓扑缺陷问题。除此之外，它也为热大爆炸（终极免费午餐）提供一种来源，它所预测的近乎尺度不变的密度微扰功率谱（我们宇宙结构形成的缘由）已经从宇宙微波背景辐射的温度和偏极化的涨落观测上，得到了有力的支持。然而，暴胀学说关键要素，也就是暴胀子与其位势的来源，并没有确定。在这层意义上，许多人奉为典范的暴胀宇宙学说，并不算是一个理论。随着宇宙学的观测资料持续以令人印象深刻的方式突飞猛进，我们得赶紧找出一个具有坚实理论基础的特定模型才行。

许多人相信，超弦理论是描述所有物质与作用力的基本理论，其中包括一种自洽的量子引力。事实上，它是目前已知的唯一一个能用量子力学上自洽的方式、在描述我们今日宇宙的闵可夫斯基时空（Minkowski spacetime）附近，将广义相对论纳入的理论。这个理论也异常复杂，展现出许多深奥且丰富的数学与物理结构。然而，一般相信弦的能量尺度过高，以致在任何可预见未来的高能实验中，几乎不可能看到弦的迹象。由于这么高的能量尺度也许在早期宇宙中曾经达到过，因此在宇宙学中寻找弦的迹象，就变得十分自然。朝天空看来检验基本物理并获得其信息这种事，具有悠久的传统。这正是跟随着，比如说，牛顿发现引力定律以及爱因斯坦发现广义相对论所采取的路径而行。

假如弦论就是万有理论（theory of everything），那么我们应该能够在其中找到一个很自然的暴胀宇宙学说才对。这可以让我们鉴识出暴胀子及其性质，同时宇宙学的测量也将帮助我们确定对宇宙的精确弦论描述法。要是运气好，我们甚至可能在此框架下，从宇宙学数据当中找到显著的弦论特征，从而验证我们对此理论的信仰。由于暴胀尺度居然和弦的尺度差不多，因此这样的研究显然值得我们去做。假如这个学说是自然的，人们必须能够解释为什么大幅暴胀是广泛的性质（而不需要微调）。我们将会看到，膜暴胀也能提供不久的将来观测研究所能侦测得到的弦论特征。

膜世界

1995年，波尔钦斯基（Polchinski）在弦论中找到D-膜，这项发现已经让弦论改头换面。Dp-膜是一个有p维空间的物体，因此一般的薄膜是2-膜，弦是1-膜，而3-膜则可以充满我们的三维空间。在弦论的本质上有一种自然的实现（realization），叫作“膜世界”（brane world）。在膜世界中，我们的宇宙是由一叠D3-膜所展（span）出来的。所有标准模型中的粒子（电子、夸克、光子、胶子等）都是开弦（open string）的模（mode）。由于开弦的每个端点必须接于某个膜上（那是定律），标准模型的粒子（轻的粒子）于是被黏着在D3-膜的堆栈上。弦论在空间上有9维，因此这些D3-膜在这多出来的6维立体空间中的行为和点一样。引力子，是闭弦的模，能够从膜上离开而进入块体（bulk）。自洽性（牛顿常数的值是有限的）要求我们要把这6维块体紧致化（compactify），使其大小为有限值。为了和标准模型一致，它们必须得紧致化成一种特殊的流形，称作卡拉比-丘流形（Calabi-Yau manifold）。这些流形是一种数学建构，其存在性是由卡拉比在1957年首先猜想出的，而在1976年终于由丘成桐所证明。丘成桐的证明是建构式的，这让弦论家得以仔细地研究它们。

近年来，弦论家能够在动力学上稳定这些紧致化空间，并且找到了许多解，一个典型的例子是所谓的KKLT 真空。这套建构法十分成功，使得许许多多的解被发现，数量虽没有无限大，但也有约 10500 个之多。这被称为宇宙弦论地景。此刻，弦论家正在研究这个全新而又让人有点惊奇的性质的意义与暗示。

假定我们今日的宇宙是由弦论里的这类膜世界解来描述的，那么一个简单、写实且有充分动机的暴胀模型就是膜暴胀。试着想象一对 D3- 膜与反 D3- 膜。膜在所谓的 RR 场之下带有“电荷”。一个反 D3- 膜和一个具有同样张力的 D3- 膜几乎无异，只是带有相反的 RR 荷。因此它们会彼此相吸。在早期宇宙中，暴胀子正是 D3- 膜在高维空间中运动时（相对于反 D3- 膜）的位置，而暴胀子位势包括了它们的张力以及相吸的引力加上 RR 场位能。暴胀发生在 D3- 膜在 6 维的块体中朝反 D3- 膜移动的时候，而在它们相撞并湮灭对方时暴胀结束。在暴胀之前出现的涨落，如缺陷、辐射与物质，都会被暴胀所冲散。互相湮灭则将膜的张力能量释放出来，将宇宙加热，从而开启热大爆炸时期。

为何说这个膜暴胀学说自然而强韧，理由乃是随弦论的性质而来的。动力学紧致化引进了扭曲几何（warped geometry），导致暴胀子被指数扭曲到低能量尺度，也就是说，它自动就会非常平坦，而允许大幅的暴胀。当位势不够平坦而暴胀子试着加快移动时，我们就会看到普通的场论近似失效了。弦论告诉我们要用更复杂的狄拉克－波恩－英费尔德作用量（Dirac–Born–Infeld action）。再加上扭曲几何，便为暴胀子的运动提供了阻力，从而使 D3– 膜不得不慢慢地朝反 D3– 膜移动。这些使宇宙暴胀变得自然而然的特性，正是清晰的弦论特征，它们可导出新颖独特的弦论预测，从而让观测宇宙学家搜寻与测量。

宇宙弦

膜暴胀有另一个令人惊奇的普通结果是，在暴胀接近尾声、当膜对撞并互相湮灭时，会有宇宙弦（cosmic string）产生。互相湮灭将膜的张力能量释放出来，将宇宙加热，从而开启了热大爆炸时期。一般而言，所有尺寸与型式的弦都有可能会在对撞中产生。大尺寸的基本弦和 D1– 膜变成了宇宙超弦。其中的一些可以伸展到横跨宇宙之长。很重要的一点是，如弦论所推导的，并不会有像畴壁（domain wall）或磁单极之类的拓扑缺陷产生。在这个弦论的建构之下，D2– 膜和 D0– 膜并不存在。

和会把宇宙封闭而被列为灾星的畴壁或是磁单极相比，宇宙弦是很好的。这是因为弦的一维本质以及它们之间的相互作用：它们倾向互相换位而把自己截断，由此造成的小环圈，经由引力辐射而倾向衰变。宇宙弦的历史相当悠久。它是由奇保（Kibble）等人首先提出的，后来被用来产生密度微扰，以作为形成结构的种子。作为一个暴胀学说的竞争者，它已经被宇宙微波背景辐射的测量结果所剔除。而这里，在膜暴胀中，宇宙弦对温度涨落的贡献要小得多，因此可以和所有已知的观测数据兼容。研究路径有引力透镜效应、毫秒波霎(millipulsar)周期测定、多普勒效应、宇宙微波背景辐射的偏极化以及引力波的侦测。

此刻，宇宙学的数据为膜暴胀学说的细节加上了很强的限制条件。但在宇宙学观测中，要发现特殊的弦论特征，以揭示具体特定的弦暴胀学说，并确认弦论与膜世界图像为真，还有很长的路要走。

宇宙自发创生

现在我们既然已经提出在弦论中如何以膜暴胀来实现宇宙暴胀了，那么我们能够再问一次在膜暴胀时期宇宙是如何开始的吗？

在 1982—1983 年，维兰金（Vilenkin）、霍金（Hawking）等人提出暴胀宇宙可经由量子涨落而从无中蹦出来。这里的无，指的是连经典的时空都不存在。为了和“小无”区别，我们称之为“Nothing”，即大无。

原始的提议会导致某些技术上的困难。然而透过更小心地处理量子穿隧（quantum tunneling）中的去同调（decoherence）效应（这在量子测量中是已经透彻了解的方式），似乎就可以解决这个问题了。你可以想象这是一个从“大无”穿隧到某个特殊暴胀宇宙的过程。对于弦地景的任何一个位置，（至少原则上）我们可以计算从大无到那个位置的穿隧概率。具有最大穿隧概率的位置会被选中。我们发现具有三维宏观空间维度和我刚才为各位描述的宇宙类似的膜暴胀宇宙，会比地景中的其他位置（比如说超对称的位置）更有可能发生。这让人深受鼓舞。

想当初，真空也曾被认为是一个已被透彻了解的概念，直到量子场论的降临，状况才有所改变。当狄拉克在 1920 年提出狄拉克方程，开始有了狄拉克海（Dirac sea）的观念，忽然间，真空的意义变得不寻常了。20 世纪的理论物理学有很大一部分是致力于了解真空的意义。（Vacuum= 真空）

到目前为止，我们有信心说我们对标准模型中的真空是什么有很好的掌握。在弦论中，时空也许是一种导出的概念，而不是将弦论建立于其上的基本建构。这提供了一个机会，让弦论能够指引出一条通往这个大无真义的明路。说不定我们在 21 世纪，就已经准备好掌握弦论中大无的意义了。

检验弦论

上面我回顾了宇宙学的巨大进展，这允许我们探究在宇宙的年纪只有 10^{-35} 秒时所发生的事情。这个惊人成就的实现，靠的是结合理论上的大步跃进和推动实验观测到新高点的技术创新进展。我们现在已到达精确宇宙学的数据即将能够经由膜暴胀来检验弦论预测的阶段。最终，弦论也许可以经由宇宙学来检验。若是运气好，我们也许能看到超弦跨越天际。事实上，宇宙学是观看弦论的最好窗口。伟大的未来正等着我们。

翻译：林世昀

第八章 量子引力与宇宙起源

胡悲乐 美国马里兰大学物理系教授

——夏虫不可以语于冰。（庄子《秋水》）

基于观察上的证据，今天的我们普遍相信，宇宙正在膨胀，而建立在罗伯森－沃克度规（Robertson–Walker metric）和佛里德曼（Friedmann）解的标准模型，便足以描述今天的宇宙。我们也相信，宇宙在更早期曾快速地以指数级膨胀，这可由1981年古斯（Guth）提出的暴胀模型来描述。另外，由爱因斯坦方程得知，宇宙过去曾有一段时间拥有超高的曲率和质量密度。这个过程就是一般所谓的“大爆炸”（Big Bang）。1967年，理论物理学家和数学家彭罗斯（Penrose）、霍金（Hawking）、葛罗契（Geroch）证明广义相对论（general relativity）必然出现超高曲率和密度的状态，并称之为“奇点”（singularity）。

宇宙的“起源”是什么意思？

我们说宇宙的“起源”，指的是什么？宇宙是如何出现的？可以没有起源吗？我们还可以更大胆地问：“大爆炸之前是什么？”有很多类似的终极性问题，是可以去探问和思考的。要回答这些问题，我们必先了解时空的状态、结构和动力学，即我们需要一个时空结构的微观理论。

我们相信，经典引力学的定律从超星系团到超小的普朗克（Planck）尺度（10^{-33}厘米或是10^{-43}秒）之间都适用。比这更小或更早的宇宙，就必须诉诸量子物理的定律，也就是量子引力理论（quantum gravity）。在弦论（string theory）诞生之前的30年，这曾是理论物理学界最具挑战性的尖端课题。当时，量子引力的研究几乎都致力于寻找将广义相对论量子化的方法。由此所发展出的最为成熟的理论是环圈量子引力论（loop quantum gravity）。弦论则大异其趣，其拥护者大多相信他们已经找到这样一个理论。（可参见本书第七章戴自海的“从弦论看宇宙起源”一文。）

什么是量子引力?

尽管科学家会各自采取不同的方式去了解量子引力，但他们可能都会同意一点：量子引力的目标，就是去发现时空的微观结构。不过，量子引力的定义方式，或是其研究方法，其实差异很大。有些人相信，将时空〔度规或是联络（connection）〕的宏观变量给量子化，便能得出微观尺度的理论。过去半个世纪以来，广义相对论学者便埋首于此项工作。对另一些人而言，时空是

137 亿年前发生了大爆炸，在那 4 亿年后形成了第一批星体；但在大爆炸之前是什么？（Credit: NASA/WMAP Science Team）

由弦或环圈所构成的，他们的任务就是去阐明我们今日所熟悉的时空结构是如何生成的。我们可以将以上的研究方式视为“由上而下”的模型。现在，我想提出的是第三种学派的想法：将时空的宏观变量视为一种衍生的、集体的变量，而这种变量只有在能量很低、尺度很大的时候才生效，在能量高很多或尺度小很多（例如比普朗克尺度还小）的状态下，这个变量整体而言会失去意义。这种观点主张，我们应该抛弃将这些宏观变量量子化的想法，直接探究找寻微观的变量。现在，我来说明这个我所欣赏的观点。

广义相对论是时空微结构的流体动力学

这个学派于1968年由苏联物理学家沙卡洛夫创立，将广义相对论视为描述时空从一种更为基本的微观理论所衍生出来的，在低能量、长波长才成立的流体动力学中，其度规和联络则是从中所衍生出来的集体变量。在波长较短或能量较高的情况下，这些集体变量将会丧失其意义，一如晶体的振动模式在原子尺度下就不再存在。要是我们将广义相对论视为一种流体动力学，而将度规或联络视为流体动力学的变量，一旦将它们量子化，所得出的只会是一套集体激态量子模式的理论〔像是晶体中的声子（phonon）〕，而非原子或量子电动力学（quantum electrodynamics，QED）这种更为基本的理论。

根据这个观点，从将引力波视为微扰，到将黑洞视为在强耦合下的孤立子，大部分宏观尺度的引力现象，都可以视为集体的模式以及流体动力学的激发状态。透过更精确的观测工具或数值技巧，或许我们在这个几何流体动力学中，还可以找到紊流效应的模拟。

跟其他的方式比较起来，这个观点在意义和实际操作上都大不相同。为了进一步了解这些差异的根源，我们先回顾一下物理学中的两个主要典范，它们在理论宇宙学中分别强调两种不同的研究方向。

物理学中的两大典范

不论是哪一种宇宙学模型，都会包含两个基本层次：一个层次与基本组成和基本力有关，另一个则与结构和动力学有关，亦即这些组成分子借由基本力为媒介而产生的组织连接和作用。第一个层次关注描述时空和物质组成的基本理论，第二个层次描述宇宙结构与动态，是一般宇宙学归属的范畴。

这两个层次几乎弥漫在物理学（甚或一切科学）的所有子领域中，将之辨识并不难。在物理学中，第一个层次和物质的“基本”组成以及力有关的是量子场论、量子电动力学、量子色动力学（quantum chromodynamics，QCD）、大一统理论、超对称理论、超引力理论、量子引力论以及弦论。第二个层次与结构和动力学有关的，即生物学、化学、分子物理学、原子物理学、核物理学等。现在，第一个层次主要反映在基本粒子物理学和量子引力理论这两门学科中，而第二个层次则运用在广义的凝态物理学领域中。在这个意义上，我们可以将核物理视为夸克和胶子的凝态物理。

不过，不论哪个领域都具有这两个层次的二象性（duality）和互动性（interplay）。一方面，为了发现或推导出自然的基本定律，我们通常要对特定系统的结构和性质加以仔细检验，例如原子光谱学和散射作用在发现量子力学和原子理论上所扮演的角色，以及加速器实验对粒子物理学的必要性。另一方面，一旦我们发现了基本力和组成物的本质，我们就会想从这些基本定理中推导出可能的结构和动力学，来描述自然界的真相。因此，从电磁作用来研究电子和原子，是凝态物理的起点。而经由量子色动力学推导出核力，在今日仍旧是核物理研究的中心任务。此外，从广义相对论推导出中子星、黑洞和宇宙的特性，也就是相对论天文学和宇宙学的主要课题。

需要注意的是，许多已知的物理力在本质上是有效力，而非基本力（因为它们是可约的），如原子力和核子力。此外，有许多学科都具有双重性，特别是发展未成熟的领域，我们尚未对其系统的基本力和基本组成有充分的了解。例如粒子物理同时研究结构以及相互作用

〔如量子味（flavor）和色（color）动力学〕。在弦论和许多的量子引力理论中，应该也会有复合性和基本性的双重特性。

宇宙学中的两个基本特性

那么宇宙学呢？当然上述的两个观点都很清楚地出现在其中。新奇的部分是，除了物质（由粒子和场所描述）之外，我们还需要将时空（由几何学和拓扑学所描述）纳入对这两种观点的考虑。

在第一个特性中，当我们考虑基本组成和力时，有两种相峙的观点。“唯心论者”认为时空是基本元素，宇宙的定律应由几何动力学主宰。物质不过是时空的微扰，而粒子则是几何动力学的激子（exciton）。这些理论并不奇怪，只是爱因斯坦理论的延伸：粒子力是内空间对称的表现，而引力子（graviton）则是一种弦的共振态。

相反的，“唯物论者”所持的看法是，时空乃物质场相互作用的大尺度整体表现。根据沙卡洛夫，引力应该被视为一种有效作用，像弹性是由原子力衍生一样。这种说法是“感应引力”（induced gravity）理论的前提。虽然它有很多技术困难，但这种观点却引发了一些深思。例如它认为，借由将度规量子化而尝试去推导出引力的量子理论，这和企图从弹性力量子化来推导量子电动力学一样无稽。

近年来，粒子 – 场与几何 – 拓扑学之间的表面差异，已逐渐消融于弦论之中。一个概念有不同的含义：时空和超弦是同一理论的两种表征，确实为我们认识宇宙的本质提供了新的观点。在高能和低能之间的二象性，块体（bulk）内“规范理论”（gauge theory）与边界上“保角场论”（conformal field theory）之间的相当性，以及有意义信息投映在物体表面的“全息原理”（holography principle），或许是最引人入胜的一些新想法。

至于宇宙学的第二个特性，亦即基本力在天文学和宇宙学的物理过程之表现，我们可以看到，几乎在所有物理学的子学科中，都有一个相应的天文物理学分支。然而，要掌握宇宙学的中心思想，不仅仅是将这些个别的分支简单相加起来，一如许多天文学子领域中所描述的那样。宇宙应被视为一个整体。宇宙学还有更深更广的问题，像是宇宙如何出现，以及为何以这种方式出现等全面性的命题。这都会追溯到量子力学和广义相对论令人困惑的根本矛盾上。而为了解开这些疑惑，我们就必须回到上述的第一个基本特性中去。

宇宙学研究的两个方向

根据对这两个特性强调的程度，目前宇宙学理论研究大致上有两个走向：

A. 宇宙学作为量子引力和弦论的推论；

B. 宇宙学用以描述宇宙的结构和动力学。

在第一个方向中，我们可以纳入这几种看法：将宇宙视为物理定律的一种展现，视为规则的制订者，或是信息的处理者。这个宇宙学研究的方向触及了量子力学、广义相对论以及统计力学的基本原则。在这个领域中，提出有意义的问题，和寻求解答几乎是一样重要的。如此进展虽将缓慢，但是知性上的回报却是丰硕的。

第二种方向可以用这个比喻性的描述来表现其特征："宇宙学作为一种"凝态"物理学"，这是我在1987年香港举办的一个物理会议中所提供的一篇论文的标题。这里的"凝态"同时指物质和时空。在那篇论文中，我以几个列表去比较凝态物理、核物理以及早期宇宙物理学的主要内容，并描绘出近期凝态物理几个主要命题的进展。值得注意的是，复杂系统中非线性（nonlinear）、非定域性（nonlocal）和随机（stochastic）行为之间的重要性正与日俱增。我的想法是，在普朗克尺度下，在太初宇宙的结构和演化上，有两个新要素很可能扮演着决定性的角色：一个是拓扑学，另一个是随机性，二者对物质－场和时空－几何都适用。

上述两个领域中的进展也带来新的动力：①粒子物理和量子引力，如弦论、环圈量子引力和单纯形引力理论（simplicial gravity）已有可循的数学表述。②凝态物理，例如临界动力学、量子相变、有序－无序跨越（order-disorder cross-over）、动力和复杂系统等。这两个主要物理领域之互相启发和激励，将有助于我们认识物质各态的组织和动力学的新貌。这些技术和想法也能提供有用的点子，去了解时空如何形成、宇宙如何演化、宇宙中的物质由什么来决定，以及这许多不同的结构形式是如何形成的这一系列的问题。宇宙学研究会随着人们对这些新生事物的认识和掌握而获益。

三层次：经典、半经典和随机引力

之前提到，我们对量子引力的观点是，与其将宏观变量量子化，还不如寻找微观变量有用得多。在上述的两个典范中，为了弄清楚时空的微观结构，凝态物理比基本粒子物理学的典范更接近我们的观点。我们所采用的手段，多依靠统计和随机方法，而我们关注的焦点是，如何从目前已知的宏观尺度结构，推算显示更基本性未知的次结构。如果我们将经典引力视为一个有效理论（亦即，其度规或连接函数的作用，就像是某些基本组成的集体变量，仅仅适用于描述大尺度的时空），而将广义相对论视为那些基本组成趋向流体动力学的极限，那么我们便可以追问，是否有个像是分子动力学或量子多体系统的介观（mesoscopic）物理所掌控的范围，介乎量子微观动力学和经典宏观动力学之间。此外，为了让这些理论能够在实际上应用，介观物理学也包含了从微观到宏观，以及从量子到经典的转变这理论物理学的两大主要问题。

为了确认宏观和微观时空之间的中介尺度结构，从检视广义相对论这个现成的引力理论着手，会是个有效的方法。

广义相对论为大尺度时空特征及其动力学提供了绝佳的描述。经典引力学将物质视为爱因斯坦方程式中的源（source）。一旦物质源包括了量子场，弯曲时空量子场论（quantum field theory in curved space times）就必须被引入。在半经典引力学（semiclassical gravity）的领域中，爱因斯坦方程式中的源来自量子物质场的“能－动张量算符”（energy–momentum tensor operator）相对于某些量子态之期待值。半经典引力指的是由量子场源所导出的经典时空理论，因此它包含了量子场在时空中的反馈作用（backreaction），使量子场和时空进行自洽的演化。霍金的黑洞辐射及古斯的暴胀宇宙模型是这一理论的两大范例。半经典引力理论为我们由下而上探究量子引力理论提供了坚实的基础。

比半经典引力再高一层次的是随机引力（stochastic gravity），这一理论是以爱因斯坦－朗之万方程（Einstein–Langevin equation）（此方程以量子场涨落为源）为中心的。我们探讨量子引力就是以随机引力为基点，以介观物理做引导的。

那么，什么是介观时空物理学？如何以随机引力理论来进行探究呢？

介观结构和随机引力

我在 1994 年的一篇会议论文中指出，包括“宇宙密度矩阵”（density matrix of the universe）在去相干（decoherence）过程中从量子转变到经典时空、在普朗克尺度下的相变或跨越行为、穿隧（tunneling）和粒子生成，或是由于真空涨落（vacuum fluctuations）促成的星系形成，这些问题都牵涉到介于宏观和微观结构之间的介观物理，和原子 / 光学、粒子 / 核子、凝态或量子多体系统内的许多问题具有相同的基本因素。在这些问题的背后涉及三个要素：量子的相干性（coherence）、涨落（fluctuations）和关联（correlations）。以下我们讨论对场与时空在量子 / 经典、微观 / 宏观界面上，与离散 / 连续或者随机（stochatic）/ 决定性（deterministic）转变的相关问题，以及如何能对解决一些引力、宇宙学和黑洞的基本问题有所帮助。

随机引力理论是将量子涨落效应自洽地纳入半经典引力理论最自然的推广。该理论的中心是“噪声核”（noise kernel），亦即一双能 – 动张量的期待值。我们相信，在这能动张量两点函数和更高阶关联函数之中，蕴藏着一些珍贵的信息。这些更高阶的感应度规关联函数参与爱因斯坦 – 朗之万方程式，可以在半经典引力理论不适用的尺度中，反映出更精细的时空结构。在介观物理领域，噪声（noise）、涨落、耗散（dissipation）、关联和量子相干性扮演了重要的角色。噪声携带量子场关联的信息，通过爱因斯坦 – 朗之万方程支配感应度规涨落，从此可以寻获引力和时空被遗忘的量子相干性。随机引力提供了量子场的信息以及度规涨落之间的有机联系。

这个新的架构让我们得以发掘时空的量子统计特性：包括量子场中的涨落是如何诱导度规涨落、从而播下星系形成的种子，早期宇宙的量子相变，黑洞量子视界的涨落，黑洞环境下的随机过程，黑洞力学中霍金辐射的反馈作用，以及超普朗克（trans–Planckian）物理的新意义。理论层面上的问题则包括以随机引力探究半经典引力的效力（有视于度规涨落的强度）和暴胀宇宙学的可行性（真空能量如何出现和持续）。立足于已然确立的低能量（次普朗克尺度）物理，随机引力在探索和高能（普朗克尺度）物理、亦即量子引力之间的关联上，也是有用的台阶。

时空作为强关联系统中的衍生集体态

根据介观物理来检视关联和量子相干性的问题，我们认识到作为爱因斯坦－朗之万方程式的源的能量动量两点函数，相当于电子传导中电流对电流的两点函数。这意味着，我们是在计算量子场物质粒子的传输函数。按照爱因斯坦的观察，时空动力学是由物质（能量密度）来决定的，而物体运动也同时受时空曲率的支配。我们预期在物质能量密度涨落中的关联所呈现的传输函数中，也具有对应的几何特性，并且在比半经典引力能量更高的尺度中也能找到同等的意义。这和将广义相对论视为一种流体动力学是相符的：传导率和黏滞性都属于流体力学中的传输函数。这里我们在找寻时空结构力学的传输函数。马丁（Martin）和贝达格尔（Verdaguer）在闵可夫斯基时空中对爱因斯坦张量关联函数的计算跨出了第一步。盐川一登武（Shiokawa）所计算的度规传导性涨落是另一步。

基于许多实际上的考虑，要对中、低能物理做出一般性的描述，往往并不需要去了解它们的基本组成或其相互作用的细节；我们只需以半现象学的概念去塑造它们就够了。一旦基本组成之间的相互作用增强，或是探测的尺度缩短，系统内与更高关联函数相关的效应就会出现。研究强关联系统能够获得一些具有启发性的样本。因此，从介观物理去思考，以随机引力理论出发，我们就可以去探测量子物质的更高关联，及伴随的集体激发态，从几何到流体动力学，再到介观时空动力学的动力论（kinetic theory），最终得到微观时空动力学－量子引力的理论。

当我们从时空宏观结构去寻找通往微观时空理论的线索时，我们必须先将注意力集中在动力/流体力学，以及噪声/涨落的方向上。统计力学和随机/概率理论的观点，将扮演重要角色。我们将会遇到大量非线性和非定域性的结构〔空间上的非定域性、时间上的非马科夫性（non-Markovian）〕。另一个同等重要的要素是拓扑学：拓扑特征可以在步向宏观世界必经的粗粒化（coarse-graining）或是有效/衍生（emergent）的过程中，得到更多保留，这些都是有用的可以用于拆解隐藏的微观世界结构的工具。

将时空视为凝聚体？

我想和各位一起探索一下近年来由“玻色－爱因斯坦凝聚体”（Bose-Einstein Condensate，BEC）所发展出来的新观念，亦即将时空视为一个流体动力学的实体。这种新观念说的是，或许这个可以由流形来描述，只有在某些基础理论的低能量和长波长近似下才有效的时空，是一种凝聚体。为了说明这一观念，我们可以暂且用BEC来模拟，将之视为多原子的一种集体量子态，具有宏观的量子相干性。

原子只有在超低温的状态才会以凝聚体的形式存

在。在理论提出的数十年之后，科学家才找出新的方法来冷却原子，于实验室中终于见到BEC。因为当今的宇宙是很冷（约3K）的，将其比拟为时空的凝聚体不会太奇怪。但我们相信，主宰今日宇宙的物理定律就算回到“大一统理论”（Grand Unified Theory，GUT）和普朗克温度（10^{32}K）时期，仍旧有效。既然根据爱因斯坦理论所建立的时空结构足以支撑低于普朗克温度的所有宇宙时期，要是我们将今日的时空视为凝聚体，那么在当初极高的温度下，宇宙仍会保持在凝聚体的状态吗?

我的答案是肯定的。人类认为很高的温度，在物理作用所定义的温度尺度中并不生效，而一切物理作用都由物理定律所主宰。我们无理由认为在此高温下时空凝聚体就不适用，而且有必要进一步将这个概念推广到它的极限，坦然接受这个结论：只要平滑的流形仍旧适用于描绘当时的时空结构，而所有的物理作用都发生在该时空中，那么所有今日已知的物理都算是低温物理。时空凝聚体在稍低于普朗克温度时便开始形成。但根据我们目前所理解的物理定律，要是超过这个温度，时空凝聚体便不复存在。在这样的意义下，我们所知的时空物理学就是低温流体动力学，而叙述今日宇宙的物理就是一种超低温物理，就像超流体和BEC。

时空本来就是一种量子体

将时空视为一种凝聚体，更加困难的部分在于，要在今日的时空中（而非在普朗克时期）辨识并确认出其量子特征。传统的观点认为，时空在比普朗克长度大的尺度下是经典的，但在比普朗克长度小的尺度下就是量子的。这是主张将广义相对论，即度规和联络量子化的根据。但是，若将时空看作是凝聚体，那就应该接纳宇宙在本质上就是个量子体的观点，而微观的基本组成分子，也就是时空“原子”的多体波函数，在用来描述其大尺度行为的平均场（mean field）层次〔有序参数场（order parameter field）〕上，会遵守类经典的方程式，像是在 BEC 中的“葛罗斯－皮塔耶夫斯基方程”（Gross–Pitaevskii equation）一样。该方程式已证实能够成功地描述 BEC 的大尺度集体动力学，直到量子涨落和强关联效应进入图像中为止。

爱因斯坦方程有没有可能也和描述 BEC 的葛罗斯－皮塔耶夫斯基方程一样，是个描述时空量子流体之集体行为的方程？尽管更深层次的结构应是由量子多体波函数来表示的，其平均场应遵从经典的描述。这在量子力学中有许多的例子。对于任何一个能和其环境具备双线性耦合的量子系统，或是本身就是高斯函数（或是符合高斯趋近的描述），其物理量的量子算符的期望值所满足的运动方程，都会和其对应的经典量所满足的运动方程具有相同的形式。联系量子和经典层面的爱伦法斯定理（Ehrenfest theorem）就是一个典例。

显而易见的挑战是，假如宇宙在本质上就是量子的、具有相干性的，那我们期望在何处可以看到时空的量子干涉现象？用 BEC 力学的模拟，我们可以找到一些有用的事例，如在 BEC 崩溃（Bosenova）中的粒子生成实验。有个显著的新现象是时空凝聚体的真空能量，因为如果时空是个量子体，真空能量密度便会一直存续到我们目前这个晚期宇宙。用传统的经典观点很难解释时空的真空能量。

对宇宙起源的寓意

那么这个对量子引力的另类观点在宇宙学的重要课题上提出了什么新看法？我们就从目前可观察到的低能现象着手。最近，从超弦到其他的理论都有许多关于“洛伦兹不变性”（Lorentz invariance）在超高能状态下将被破坏的讨论。洛伦兹对称是在我们时空定域结构（闵可夫斯基时空）中已然确立的对称性，它先是在麦克斯韦电磁方程式中被发现，后被当作新力学定律纳入狭义相对论。此对称性取代了牛顿理论倚为基石的伽利略对称。闵可夫斯基为这个时空的新理论提供了几何描述。

在“流体”时空的观点中，洛伦兹不变性是衍生的对称，只能应用在演化至我们现阶段晚期宇宙时空的大尺度结构。而且就像流体中的许多对称，它们在分子动力学的层次上并不存在。在更精细的层次中，其结构和动力学是由另一类的对称性所控制的。当时空形式在次普朗克能量趋向连续而平滑的流形结构，并可用微分几何来描述时，洛伦兹和其他对称就会衍生。在小于普朗克长度的尺度下，时空形式有可能会是一种具有非平庸拓扑（non-trivial topologies）的类泡沫结构，造就的是惠勒（Wheeler）的时空泡沫观点。洛伦兹及其他只有和平滑流形之类大尺度结构相关的对称和不变性届时便不再适用。因此，不难想象，将来我们会陆续放弃许多目前所珍视及肯定的定律和秩序，因为我们的经验大都局限于十分特定的情况。从衍生的观点来看，或是从庄子“时无止，分无常”的哲学来看，没有一个定律是神圣不可侵犯的，也没有任何事物是永恒的。

这个观点还意味着，明辨不同层次的结构存在着基本的差异，可以帮助我们去确认哪些想法站不住脚，从而省去一些无意义的探索。在描述牵涉到时空及其更基本组成的活动之前，我们应该先解释，时空结构是如何以及在何处生成的。例如“弦论宇宙学”在我看来是个怪僻的研究领域：我们不能将度规写下，将弦塞进去，然后就提出一套宇宙学理论。时空结构应该由弦的相互作用来决定。没有时空之前怎么可以把弦放在其中传播呢？我们得先去阐明弦是如何构成时空的，或至少能确定出一个弦可以自由传播的特定领域。事实上，尽管在许多弦宇宙论的论文中不断提到宇宙暴胀，那些比较诚实发表其成果的主要弦论工作者都有可能同意，他们还无法成功地从弦论得出宇宙暴胀的解。同样的，要是大爆炸意味着时空的开端，那么用流形结构建立的背景时空去思索大爆炸前的境况，是不是有点不伦不类的味道。

这个观点中带建设性的特征是，它能提供一个不同而且或许更好的途径去处理一些宇宙学中重要的课题，像是“暗能量”的奥秘：为何今日的宇宙常数这么小（相较于自然粒子物理能量的尺度），又如此接近于物质的能量密度(所谓的“巧合”问题)？我在“时空凝聚体”一文中也浅谈了这个观点在量子力学和广义相对论上的意义，以及它和弦论、环圈量子引力的关系。从索尔金（Sorkin）、沃洛维克（Volovik）和文小刚教授的著作中,你可以阅读到更多相关的知识。

最后，这个观点中关于宇宙的起源提出了什么看法？我认为要回答这个问题，相变或许是比较好的方式。我们居住在一个低能量（低温）的相中，我们对时空的描述只有在波长很长的条件下才可能成立。根据我们对于现时物理的了解，相变点有可能是在普朗克能量（记得我们说过，即使只稍微低于普朗克温度，就算是低温期）。在这种观点下，宇宙的起源便是新的低能量相之始，就像水在冰点之下会变成冰一样。对于无法在 0℃以下生存的生物而言，冰点就是他们宇宙的起点和终点。

那么，在这之前会有什么？从这个观点着眼，我们不难想象会有个在这“起点”之前的时期，事实上，或许还存在着许多不同的时期和开始。这一点并不神秘。大爆炸之前（或许你会更喜欢“宇宙的诞生”这个更轰动的说法），在时空结构中存在着一个不同的相。我们需要一组不同的变量去描述它的基本组成（不是度规或联络），需要一种不同的语言去分析它的结构（不是微分几何），以及一套不同的方程式去描述它的动力学（不是广义相对论）。我们与夏虫不一样，因为即使我们无法在那样的相中存活，我们依然可以思考那个相的属性，甚至设计出一套工具去捕

“夏虫不可以语于冰”人类与夏虫不一样，因为即使我们无法在那样的相中存活，我们依然可以思考那个相的属性。（Credit: 蔡耀明）

捉它的本质。这就是人类理性、意志和心灵力量的表现。依靠理论物理学，科学家无惧地向大自然叩问、探索，而你我也就是由这种力量的推使，才在这时空点上相遇的。

——愧不能见！孰不可思？　　（夏虫《冬咏》）

翻译：宋宜真

第九章 爱因斯坦或许错了

劳夫林（Robert B. Laughlin）

1998 年诺贝尔物理学奖得主

今天要谈论的主题和宇宙无关，我想和大家探讨的是我们所不了解的东西，特别是爱因斯坦所不了解的东西。在座的大多数都听说过相对论吧，那么我就用 10 秒钟给大家解释一下相对论：相对论就是有关运动着的物体的理论，业已为实验所证明，但在微观世界里它并未经实验证实。我今天的演讲就从这里开始。

物理学并非宗教，我们并不会因为爱因斯坦智慧过人，就相信他的相对论正确无疑。我们相信相对论是因为实验证明它是正确的，如果不经过实验检验，就无法判断这种理论的对错。如今深深印刻在我脑海里的正是尚未有实验证明过的微观世界中相对论的正确与否。那么这个微观世界有多微小呢？我不知道，物理学里的微观世界是以“普朗克长度”来衡量的。如果大家问任何一位物理学家，相对论在以普朗克长度来衡量的微观世界中是否正确，他们都会回答：我不知道。这才是真正的科学态度。

即使是爱因斯坦，也可能出错。
（Credit: Ferdinand Schmutzer）

引力理论预言了黑洞的存在

星系由引力（重力）所维系。爱因斯坦在相对论方面进行了思考，创造出所谓的“广义相对论”，也就是引力理论。该理论美妙绝伦，因为它所倚赖的基石只有两个：一是相对论，二是对应原则，简单点说就是所有的物体在引力作用下，不论其质量大小，坠落的方式都是相同的。我们知道一个物体的加速度质量与它的引力质量相等，这一事实其实是由伽利略首先发现的，并且随后经过了许多美妙的实验验证，因此其真实性确凿无疑。一个物体的加速度质量与它的引力质量相等。爱因斯坦对这两个概念思考了许久，然后创立了新的引力理论，即美妙的广义相对论。这个引力理论成了我们如今思考宇宙（包括星系在内）的基础。可是这个理论却有点问题，现在我想为大家稍做解释。不过我可以先告诉大家问题的答案。爱因斯坦的引力理论的问题在于：它预言了黑洞的存在。大家都听说过黑洞，对吧？黑洞就像是垃圾桶，东西是只进不出。

现在我要用基本术语向大家解释黑洞到底是什么，并且告诉大家为什么我认为爱因斯坦的预言是错误的。黑洞预言是物理问题，我想用模拟的方法向大家解释这个问题。我不打算在这里教大家复杂的数学运算，我想介绍一些实验。你们可以想象这些实验就像是黑洞，对它们进行思考之后，你们很快就能理解这个有关黑洞的问题到底是什么，以及它可能揭示的宇宙奥秘。在文末，我们再来回答“爱因斯坦出了什么错”这个问题。如果他真的错了，这无疑是对每个人提出警示：物理学是一门实验性科学，我们可以通过思考来推测很多东西，但是我们很有可能会出错，而且我个人认为即使是爱因斯坦也可能出错。

我们要谈的问题如下：相对论和等效原理是两个非常简单的概念，但是相对论的关键预言就是黑洞的存在。为了给大家解释清楚这个问题，我得先解释一个概念，也就是爱因斯坦的引力理论如何起作用。还有一点很重要，那就是我们与质量到底距离多远。

该理论的基本点就是：时间在太空中比在地球表面流逝得更快。换句话说，时钟在遥远的太空那里跑离质量的速度比在地球表面这里更快。这种效果千真万确，我们得一直调整原子钟的时间，但很不幸的是，在地球表面的时钟跑得比太空中的时钟慢一点点，这种现象我们称为引力时间膨胀效应。在座的各位可能会产生疑问：这不是和相对论有出入吗？相对论认为所有一切在哪里都是相同的。我的答案是：实际与理论非常吻合，根本点就在于物理学的法则将随着时间位置的不同而发生变化。我们只是改变了时钟在地球表面运转的速度而已，所有的物理法则都还是一样的。没有哪种衡量时间的方法能放之四海而皆准，又不与物理学的法则相矛盾。我们只能找到一种在某种环境下起作用的方法。地点不同，时间流逝的速度也发生改变，造成这种现象的原因就是引力。

海浪拍岸的现象

下面在给大家进一步解释之前，我有必要提醒大家注意海浪拍岸的现象。你会发现海浪永远是卷曲的，紧贴岸边时也是如此。大家到海滩上会看到海浪总是直扑向海岸，绝不会从侧面兜过来，原因非常简单：水由深到浅，海浪的速度就越来越小，因此波涛汹涌而来，水位却越来越浅，速度也逐渐减慢，但位于浪花顶端的海水却依然保持原来的速度，所以整个海浪总是呈卷曲状。一片海浪卷过，下一片接着跟上。

好，现在让我们想象一下用光做同样的实验。如果时钟在贴近地面时会越走越慢，那么这里的光速也似乎比在太空里的更慢。因此，光就会发生弯曲，就像海浪一样。换句话说，时间越来越慢，但是换一个角度来看就是：光的速度被放慢了。但是，光速是常量，不会变化。其实这个说法是不正确的，相对论只是说在某个地点时钟可以衡量时间，因为在同一地点光速是不变的，但是绝不是说时钟可以测量所有地点上的时间。如果大家坚持要在整个实验过程中使用同一个时钟的话，你们会发现光速在地球表面比在太空中要跑得慢一点，因此光速就像直奔岸边的海浪一样，卷曲着扑向地球。

大家可能会说：光速就姑且这样吧，可是物体的质量又如何解释呢？当然，量子力学告诉我们物体的质量也如同海浪一样。因此与光有关的任何理论也必然能够解释物体的质量。原因很简单，时间在某一物体表面的运动速度比在太空里的运动速度慢，翻译成全球通用描述光速的语言就是：光在地球表面比在太空里跑得慢。

受引力影响的物体所具有的其他特性无关紧要，关键在于它的质量以及它到底有多重。如果我们离这个物体太近，会怎样？如果我们与一个非常重的物体距离很近，那么那种表达就为零，也就是说时间跑得太慢，停了下来，时间完全不动了。不过一般情况下很难发生上述情况，因为，比如说在地球上，我们一直生活在地球表面，还来不及让时间产生“跑得太慢”的状况，因此在地球上没有这种问题。但是如果某个物体非常非常小而又非常重，那么在我们到达这个物体之前，时间的流逝就可能逐渐变成零，然后我们就会陷入麻烦之中。

“黑洞”就是在说光的死亡

那么这个物体要多小呢？这样一个质量极其大的物体到底要多小的体积才能让时间在到达它的表面之前就停止呢？现在我们能够将一个质量惊人的物体做成那么

小吗？也许答案有点出乎意料，但是我们的确能够做到，原因就在于，像石头那样的物体并不够坚固，如果我们把石头堆起来，它就会垮掉，它还会逐渐变小收缩；体积庞大的物体如质量超大的恒星，在冷却之后很容易收缩到这么小的程度。这种现象在宇宙中肯定存在，是必然要经历的一步。也就是说黑洞一定存在，而且实际上数量还很大。

大家可能会问：为什么密度如此之大的东西被称为“黑洞”呢？答案很简单，你可以把自己想象成一个物体，时间在你的表面停止了。情况很糟糕，没什么比这个更糟糕的了。我们其实并不知道当时间停止时，该如何处理物理问题，没人知道该怎么做，于是我们就猜测。有关黑洞的文献其实大多都是推测，猜测当时钟停止运转时，可能会发生什么情况。所有这些猜测都是虚构的，因为实际上在时间停止的时候，我们已知的物理法则会完全失效。实际上，如果大家再去仔细阅读那些文献，你就会发现它们就好像是有关死亡的理论。人死了以后会怎样呢？大概我们会长出翅膀，大概会变成尘土，大概会去一个很热的地方，大概会存活一小会儿然后被碾碎。所有这些类似观点都能在有关黑洞的文献中找到，也就是进入黑洞后会如何。其实这些都是死亡的隐喻。举个例子：光能够进入黑洞但却无法出来，黑洞就因此而得名，其实就是在说光的死亡，对吧？

其实谁也不知道进入黑洞以后会怎样。恕我冒昧在黑板上写下一个完全无关紧要的方程式，那些从事凝聚态物理研究的朋友们肯定会喜欢。如今这个方程就是宇宙理论方程，名叫“薛定谔量子物理方程”。据我所知，这个方程描述了所有的一切，这个房间里所有的一切：光、基本粒子、你、你的母亲、照相机里的半导体……所有的一切。但是请注意这所有的一切都是空间中的东西，而这个就是时间。因此，我们熟悉的宇宙方程在时间停止的情况下同样毫无意义。这也是为什么谈到黑洞中到底发生了什么的问题至今尚无定论的基本原因。一旦时间停止前进即静止不动了，量子力学也就失效了，而且从我们现在做实验所处的很远的出发点来看，用实验去证明量子力学毫无意义。所以问题非常严重，时间停止是个非常棘手的大问题。

大家所思考的那种黑洞存在于星系的中央，其质量大概和 100 万个太阳相当。我们知道星系形成运动一直都十分活跃，但是却无法理解，不过我们最担心的就是星系中央的质量为什么这么大。大多数人都认为星系中央质量庞大，因此那里肯定存在着某个质量惊人的物体，这种想法千真万确，我们需要严肃思考。这虽然只是一个问题，也许听上去不可思议，但高密度且质量巨大的物体真的有可能存在，因此我们得思考那到底是什么东西。

时间停止是个假问题

现在我想跟大家讨论一个物理问题，这样考虑黑洞问题会稍许容易一点。注意，我说的是一个物理问题，在实验室里研究的物理问题。因此在这个方程里我想告诉大家的就是，时间停止是个假问题，因为时间根本不会停止，其实是发生了某个物理现象，这就是我想告诉大家的。

好，我们首先思考一下声音，声音比光思考起来更容易一点。大家都知道声音现象是由原子的无规则运动产生的，但我们可能很难想象钢板中的声音现象，一块钢板里的原子运动不可能是无规则的。如果我们把一块钢板冷却到 0℃它还是有声音的，因为声音现象和热无关。声音现象更加基本，因为在温度很低的东西当中仍然有声音存在，而且思考起来比光容易得多。那么我们就开始了，大家肯定会问：为什么声音和光就一定不同呢？现在我不可能连篇累牍地给大家讲解声音现象，所以只能告诉大家问题的答案：这两者是一样的。声音是一种量子力学现象，一块钢板中的声音就是一个粒子，不仅如此，我们还能够用量子力学方程计算出声音的特性到底如何，于是得出结论：声音和光的量子力学性能十分相似，两者都拥有大量粒子，只不过这里我们说的不是光子而是声音。声音中的粒子也互相碰撞，就像在光当中的一样；光会因为电子跃迁而产生衰变现象，声音也会分裂。因此从物理学的角度来看，声音的运动方式和光确实非常类似。

为了进一步解释这个光与声音的模拟关系，我想谈谈液体而不是固体。把刚才的钢板换成一罐氦，在没有热的情况下氦呈液态，它的基态处于哈密顿函数状态，但会流动，有声波存在。这些声波也都是粒子，这些粒子和光当中的粒子很相似，我们把这些粒子称为“声子”，确实名副其实。我的意思是，声波长度比原子之间的距离要长得多，声音的特性其实非常简单而且得到了普遍认同。那么我们要谈的就是极其简单的物理知识了。为什么会这样呢？答案很简单：自然的特征就是如此，自然万物以相位存在：固体、液体和气体。当温度达到 0℃时，我们所看到的是非常基本而普通的物理特性，不受任何东西制约。这些特性的普遍性就是自然的特征，在这里我们所探讨的相位正是液相。

玻色－爱因斯坦凝聚

那么声音在氦里传播的速度由什么决定呢？声音的速度在氦里是否总是匀速呢？不是，在其底部声音的速度会发生变化，因为在地球上会受到引力的影响，而且底部的压力比顶部大，所以声音的传播速度会有少许变化，这也就意味着，声音在氦表面会产生折射现象，就像上升到陆地表面的水和投射到地球表面的光一样。现在我们可以问这个问题：在氦里有没有声音传播速度为零的现象，就像光到达黑洞表面速度似乎就变成零一样呢？答案是，有这样的现象存在，这种非常特殊的现象在物理学上称为“玻色－爱因斯坦凝聚”。这时那就不仅仅是氦，而是在极低温度下呈现出特殊状态的氦。

我想把今天的问题讲清楚，就得谈谈玻色－爱因斯坦凝聚，但是我想讲的还是氦，我会把氦看作是一位理论家，后面会改变自己的方程。我认为这样大家更容易理解将要提到的气体实验。

下面我来提醒大家你们已知的一点，那就是描述流体的范德华状态方程（van der Waals Equation of state）。这是基础化学知识——压力、体积以及在不同温度下气体的不同表现。在高温下我们有理想气体定律，可是一旦温度下降，气体就变平一点；温度接着再下降，气体就完全变平；如果温度继续下降，气体就开始摆动；温度还往下降低，摆动就更加明显。这时候大家会说：哦！我知道怎么回事了，化学中有关液体、气体共存的转化过程刚才描述得不对。之所以会这样是因为我们所研究的样本实在太小，如果样本再大一些，我们会发现这个摆动根本毫无意义，我们得把它前后联系起来再来谈相位分离，因此一边是相位分离变成液体，一边是变成气体，范德华状态方程所描述的就是液体－气体的相位转化过程。

那么这和氦有什么关系呢？我们能够人为地设计出氦的物态方程，氦的人造物态方程如此运作，注意，这些不是不同的温度，而是不同的参数，即哈密顿函数的不同参数，因此每一条曲线都代表了一种我们可能得到的超级流体氦。我说过这并非异想天开，因为这样的东西在玻色－爱因斯坦凝聚现象中的确存在。

我们现在可以想象罐子里装满了这种流体，沿着罐子而下，压力就按照这条线逐渐增大。到了一定深度，流体的某个表面就处于一种临界状态，在那里声音的传播速度就为零。我们把一个声波发生器放在这里，让它发出声音，然后再问会发生什么情况。当声音传出来的时候——可是大家要记住我前面解释的海浪现象——这一边的速度要慢一点，因为声音的速度也要慢一点。所以声波会像这样弯曲并且越来越厉害。声波传到那个表面的过程之中，速度会越来越慢，然后就开始停滞。实际上，声波永远都不会到达那里，正如光也绝不会到达黑洞表面一样。

声音的速度逐渐为零，为什么？

上面我所讲的黑洞其实都来自爱因斯坦的想象。但我刚才给大家讲解的流体却是真实存在的。量子临界表面肯定存在，很有可能在某个实验室里已经得到了实现，尽管这个想法很疯狂而且很难讲，但是其合理性是完全可以肯定的。注意，没有什么时间问题，时间在这里被完美地界定。所发生的一切其实是某个物理现象。声音的速度逐渐为零，为什么？因为我们正接近于一个可怕的相位转化点。流体位于这条线下，它便呈现雾态，就像现在外面的天气一样，十分糟糕。

讲到这里有点让人精神分裂，我们不知道这到底是什么东西。它会成为流体吗？会成为气体吗？我们无法下结论，在任何尺度中都无法下定论。如果我们制造出处于临界状态的各种流体，然后用光去测量它们，我们就会发现它们看上去就像牛奶一样，光无法在其中传播，因为这些流体也无法决定自己到底是一种液体还是一种气体，它们就像雾一样，一团疯狂的雾。可怕的事情发生了，其意义就是，在这种情况下声音的传播速度将逐渐为零。

现在让我问一个问题：如果我们打开声音然后出去吃晚饭会发生什么事？声音会往里面跑，跑呀跑，但却永远到达不了目的地，声音还是一直往里面跑。记住，此刻在这个流体内部，其相位拥有声音的特性，这是确切无疑的；因此声音的方程式也都很准确，至此我们可以给出清晰的预言：声音永远都无法到达该表面，永远都到达不了。你可以一直把实验进行下去，你可以将足够可以制造原子弹的精力都花在上面，声音只会一直跑啊跑。很明显，它不可能到达终点，因为出了问题。大家对于黑洞也同样可以得出类似的推断。相对论当中所讲的事情都很疯狂，但是现在我们用常识都能清楚地知道出了问题。

那么到底是什么问题呢？大家稍做思考就能马上明白。实际上在那一点，流体的特性就开始损坏，是以非常微妙的方式在损坏。现在我在黑板上写一个方程，希望能有点帮助，还是先写了再说吧。这是 M 质量中某个自由粒子的能量 – 动量关系，即某声波的能量 – 动量关系，某理想流体的能量 – 动量关系。让我把它画出来，这个点就非常清楚了。这个声子激励的频率 – 波数比看上去保持线性状态，只要这个值比较大。但是如果它再大一点，该频率 – 波数比马上就转变成二次方程。在转变的那一刻的波长就是该粒子的量子波长。

现在问题就出来了，这时声音理论仍然有效。如果我们用短尺度来测量一下，也就是对它提出较大的疑问，那么声音理论就不对了，可怕的事情就会发生：这个声音根本就不存在。但是，如果我们用长波长来测量，则该声音存在。因此很清楚地看到在这个实验中我们出了极限排序错误（an order of limits mistake）。我说过该实验当中选取的频率会非常低，低到声音范畴中的最低值。可是实际上并非如此，在实际操作中我们选取了一个频率，然后声音就越来越贴近表面。这个尺度就会向下移动然后踢我们一脚。现在大家明白我们是如何犯错的了。极限的错误排序是这个，这是E和Δ微积分。请大家告诉我你想要多么接近的一个值，然后我来选定这个实验中的频率。现在我们按照另一个顺序来做；而我总是能赢，因为我总能选定足够低的频率，所以真的就是如此。但是当我们真正做实验的时候，情况就不同了。我们选定实验频率的时候却发现，在接近那个表面的地方液体特性开始损坏；如果我们按照另一个顺序来做，它却总是出现损坏。也就是说在广义相对论中，类似时间停止这样的概念既是永远正确也是永远错误的。一切都取决于测量时的长度尺度。此外要解答这个问题的关键是，明白在短尺度范围内，相对论原理有可能出错。

黑洞其实是时空真空的转变过程

那么通过以上模拟我们知道，黑洞很有可能并不黑，它们其实是时空真空的可怕转变过程，只不过我们用方程表达的时候出错了，就像刚才声音方程表达出错一样。为什么会这样呢？因为声音是长波现象，在相位组织进行过程中它也会发生转化。如今的粒子物理学中的主流观点其实就是时空真空促使的相对论的产生，而不是正好相反。

很多人认为我们生活的真空其实就是一种相位，就像液体、气体、固体一样。只不过不是这三种相位之一罢了，是另外一种相位，大多数人都认为我们生存于此种相位中实属幸运，而且我们正好处于不同相位更迭的边缘，用别出心裁的语言来说就是“力的统一”。当我们进入短尺度范围内时，谁也不知道我们究竟处于哪种相位之中。因此，我告诉大家的这些想法正在构成基本粒子的标准模式。

现在让我们花一分钟来回顾一下黑洞问题。我们不知道黑洞当中到底发生了什么，而且我们也不清楚黑洞另一边如何用方程描述，于是我们就被困在这里。但如果是刚才的流体实验，我们还能进行计算，因为你们知道流体实验当中任何事情我都清楚。我们可以这样提问：假如你制造出了类似刚才流体实验中的那个临界表面，那么它测量出来的特性到底如何？接着大家可能会问：如果黑洞真的是真空状态转化问题，那么在真正的黑洞表面我们要寻找的另外一些东西到底是什么？这些计算其实非常容易，容易得让人不敢相信。所以且让我来谈谈这个。

理论上说这种计算是任何一个略具经验的研究生都能做到的。我们写出一个临界状态的量子方程，就像我写在这里的一样，然后我们得到一个临界表面。基本上就是速度和深度的比值，且速度通过这里。我再提一下有关该表面的两个关键点，其一是声音在此表面仍然是定义完好的，只不过表述关系略有不同。因此该表面的声音运动起来更像是自由粒子，的确与声音很相似。它的首个可见衰变就是自由粒子衰变——我们称之为三角图形。因此该声子的首个衰变就变成三个，1、2、3——这一个使得所有这些能量增大转变为热。

所以，实际上当我们接近临界点表面时，声波就衰变成了碎片。这也就回答了刚才的问题，我们能够计算出在该表面上声音振动究竟如何被捕捉住。当我们改变这个表面的动量时，就自然得到一个反射频谱，此时这个曲线中的表面振动表现出奇妙的量子化规则，并呈现出系统性变化。该表面的声音频谱十分复杂，我们可以测量这个声音的光谱学现象，测出这些奔跑着的共振子，这大概就是最有趣的一点了。当声音传过来然后碎裂开来，有可能其中某个碎片会回头跳出来，也就是说会出现拉曼效应。如果我们将一束激光或者一股单频声源投射到该表面，那么返回跳出来的频谱就会形成非常特定的形状，这个频谱形状取决于斜度那部分的方向如何，也就是说频谱的某一面的变化非常容易见到。因此，事实就是这个声音衰变过程同时在频谱形状和角度关系中表现出来，而且都十分典型。

黑洞发出光芒，散发热量

以上所有计算，包括刚才的计算和我前面告诉大家的计算过程都非常可靠。那么在声音方面，我们可以运

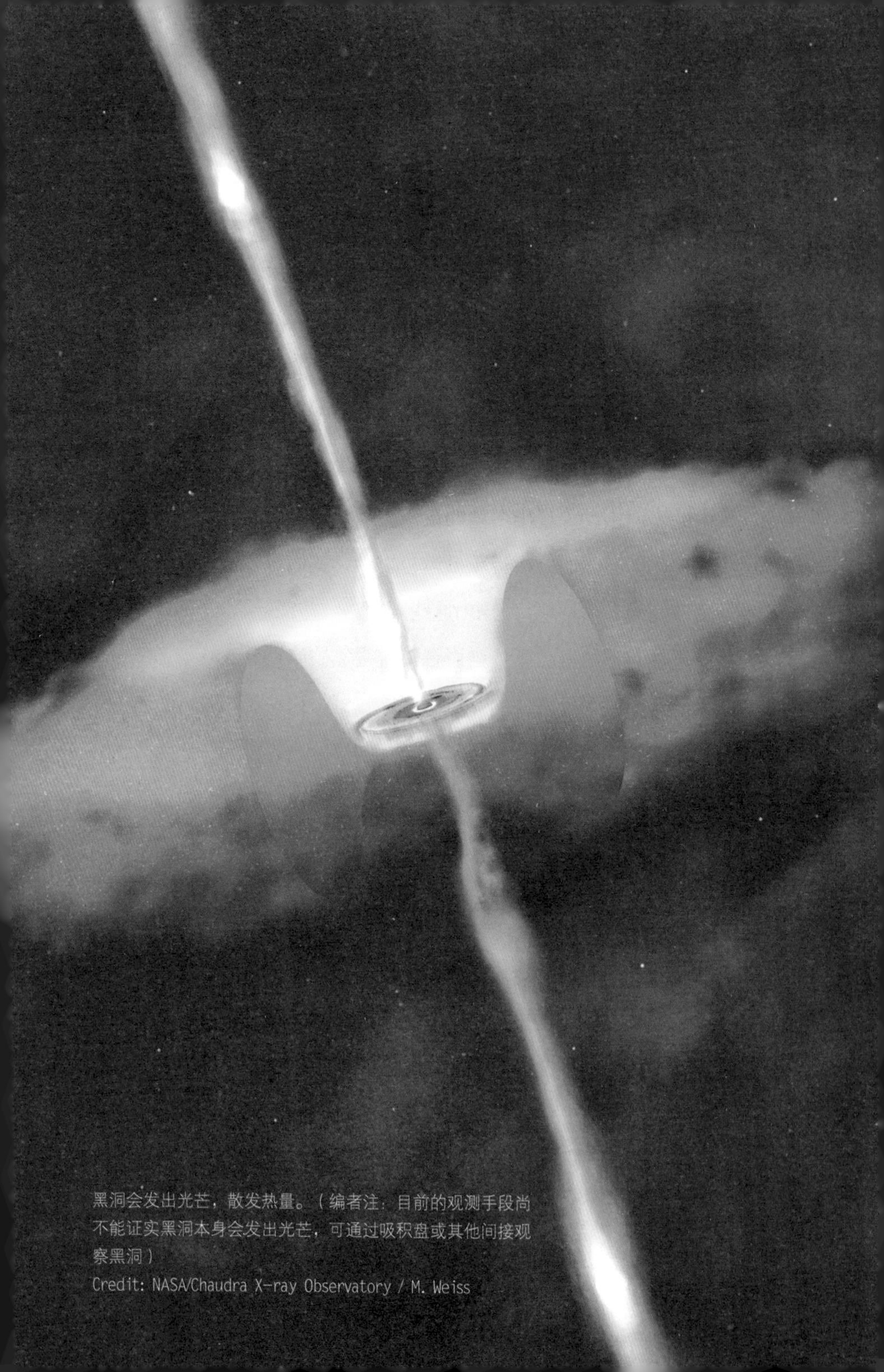

黑洞会发出光芒，散发热量。（编者注：目前的观测手段尚不能证实黑洞本身会发出光芒，可通过吸积盘或其他间接观察黑洞）

Credit: NASA/Chaudra X-ray Observatory / M. Weiss

用所有的方程式。如果黑洞也发生了这样的情况呢？计算似乎不可行了，因为我们没有方程式可用。但是，这就是你们要探求的。如果黑洞表面并不黑，当我们将声音投射进去时，声音就会返回来。同时，作为一个热物体，黑洞有温度，那么其热状态下发出的辐射就是具备某个特定温度的黑体辐射。因此，这个黑色表面其实根本不黑。有关黑洞的测试中有一个就是测试其到底是不是相位转换效应，它其实根本不黑，反而是在发光，其表面的热容量巨大，因为声音的速度如此缓慢。大家还能够检验的就是它吸收了多少热。事实上黑洞发出光芒，散发热量，就像其他任何一种物体一样，我们可以用顶部荧光强度、光谱学等来测量其表面。黑洞表面一点也不黑，只不过爱因斯坦引力场方程出了错而已。

我今天的演讲是从这个题目开始的：爱因斯坦可能出了错。现在演讲结束了，我希望大家能够明白其实情况并非那么糟糕。我个人认为广义相对论很有可能是正确的，它是人类智慧最美妙的创造之一，可是该理论还有某些地方未经过检验，还有些领域该理论可能并不适用。我通过模拟的方法告诉了大家这样的情况如何会发生。讲完这些我们再回到实验科学，在座的各位大都是青年人，我要说的就是你们还有任务要完成。在未来的某一天，某个拥有智慧的人也许能设计出并实现某个正确的实验去检验这个理论，也许这个人至今还没有出生。

我目前并不知道如何去做这个实验，可是实验科学就应该如此，而且能想出办法。今后如果有人能实现这个实验，他将赢得殊荣。

也许爱因斯坦是对的，黑洞表面也的确是黑的。不过我不这么认为，我认为他犯了一个非常明显的错误，很有可能时间并没有停止，而是时空真空发生了可怕的相位转变，只是我们现在不知道如何去描述罢了。在这种情况下，黑洞表面的光谱学分析将会揭示极其重要的线索，也就是黑洞的另一面到底是什么。

翻译：夏菁